OBSERVATIONS
MÉTÉOROLOGIQUES,

FAITES À PÉKIN,
Par le Père AMIOT.

Mis en ordre par M. MESSIER, *de l'Académie Royale des Sciences.*

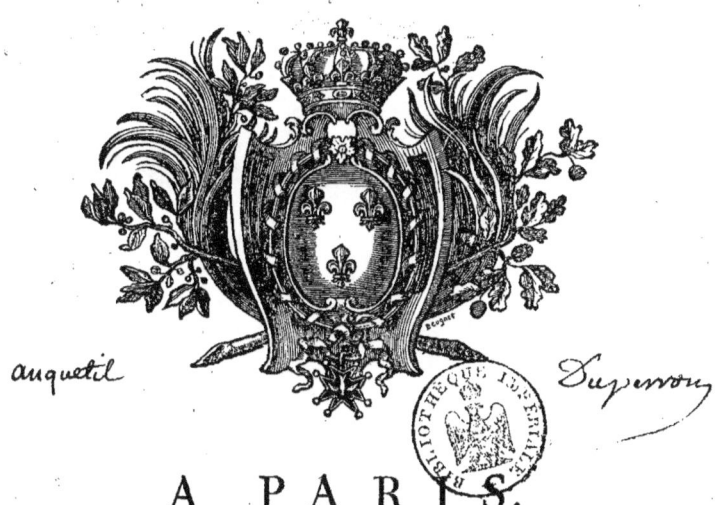

A PARIS,
DE L'IMPRIMERIE ROYALE.

M. DCCLXXIV.

OBSERVATIONS
MÉTÉOROLOGIQUES,

Faites à Pékin, par le Père AMIOT, pendant six années, depuis le 1.er Janvier 1757, jusqu'au 31 Décembre 1762.

LE Recueil des Observations Météorologiques que je présente à l'Académie, a été envoyé par le P. Amiot, Missionnaire à Pékin, à M. Bertin, Honoraire de l'Académie, Ministre & Secrétaire d'État. Ce Ministre a bien voulu me le faire remettre par M. Baudouin, Maître des Requêtes, pour l'examiner : après avoir parcouru ce Recueil, je l'ai copié & mis dans un meilleur ordre & dans celui qui convient pour l'impression, comme on peut le voir à la suite de ce Mémoire.

Le P. Amiot écrit que le baromètre qui a servi à ces observations a été construit avec soin.

Que le thermomètre étoit gradué suivant le thermomètre à liqueur de M. de Reaumur, c'est-à-dire que du terme de la congélation à celui de l'eau bouillante, il y a 80 degrés ou divisions.

La première colonne des Tables contient les jours du mois.

La seconde & la troisième, les observations du thermomètre faites le matin & le soir. Le P. Amiot n'a pas marqué l'heure du matin à laquelle l'observation a été faite, mais il y a lieu de présumer que c'est au lever du Soleil, comme le P. Gaubil le pratiquoit avant lui : pour l'observation du soir, c'est toujours à trois heures. Les degrés du thermomètre où il y a des —— sont comptés au-dessous du point de zéro ou de la première congélation de l'eau : où il n'y a point de traits, la liqueur du thermomètre est montée au-dessus du terme de la glace.

La quatrième & la cinquième colonne contiennent les Observations des hauteurs du baromètre, faites le matin & le soir aux mêmes heures que celles qui ont été faites au thermomètre.

La sixième & la septième, contiennent les vents qui régnoient à chaque observation.

Et la huitième colonne, contient l'état du Ciel, les phénomènes qui ont paru, la variation de l'aiguille aimantée qui est presque constamment la même, c'est-à-dire de 2 degrés & de $2\frac{1}{2}$ degrés Sud vers l'Ouest.

Voici un résultat des plus grandes hauteurs du thermomètre & des plus grands froids, avec les plus grandes hauteurs & les plus petites du baromètre.

En 1757, le 19 Janvier à 8 heures du matin, le thermomètre descendit à 12 degrés au-dessous de zéro ou du terme de la congélation, le baromètre étant à 28 pouces 7 lignes, le vent Nord-Est.

Le plus grand degré de chaleur a été de 31 degrés $\frac{1}{2}$ au-dessus du même terme de la glace le 9 Août à 3 heures du soir, le vent Sud, & le baromètre étant à 27 pouces 8 lignes $\frac{3}{4}$, ainsi la différence du plus grand & du moindre degré de chaleur a été de 43 degrés $\frac{1}{2}$.

La plus grande élévation du mercure dans le baromètre, fut observée de 28 pouces 7 lignes le 19 Janvier matin, & le 30 Mars au soir, le vent étant Nord-Est à la première observation, & à la seconde Nord $\frac{1}{4}$ Ouest.

La moindre élévation fut de 27 pouces 3 lignes $\frac{1}{2}$ le 10 Septembre à 3 heures du soir, le vent Sud-Sud-Ouest, le ciel couvert toute la journée, le thermomètre marquoit 13 degrés $\frac{1}{2}$ au-dessus de zéro. La différence de ces élévations extrêmes a été d'un pouce 3 lignes $\frac{1}{2}$, & l'élévation moyenne de l'année 27 pouces 11 lignes $\frac{3}{4}$.

En 1758, le 13 Janvier matin, le thermomètre descendit

à 12

à 12 degrés au-deſſous de zéro, le baromètre étant à la hauteur de 28 pouces 5 lignes, le ciel nébuleux ſur le ſoir, le vent Nord ¼ Eſt.

Le 30 Mai & le 30 Juin, le thermomètre monta à 30 degrés par un vent Sud & Sud ¼ Eſt, le ciel ſerein le 30 Mai, & couvert le 30 Juin; le baromètre à 27 pouces 6 lignes à la première, & à 27 pouces 6 lignes ¼ à la ſeconde obſervation. La différence du plus grand & du moindre degré de chaleur a été de 42 degrés.

La plus grande élévation du mercure dans le baromètre, fut obſervée le 7 Janvier & le 21 Février matin, à 28 pouces 6 lignes, le vent Sud; le thermomètre à 6 degrés ¾ au-deſſous de zéro, le ciel couvert juſqu'à midi à la première obſervation; à la ſeconde grand vent de Nord au lever du Soleil; le thermomètre à 10 degrés ½ au-deſſous de zéro.

La moindre hauteur du baromètre fut obſervée le 24 Juillet à 3 heures du ſoir, de 27 pouces 4 lignes, le vent Sud-Oueſt, pluie le matin & nébuleux le reſte du jour; le thermomètre marquoit 25 degrés au-deſſus de zéro. La différence de ces deux hauteurs extrêmes a été d'un pouce deux lignes, & l'élévation moyenne de l'année, 27 pouces 10 lignes ⅔.

En 1759, le 1.ᵉʳ Décembre matin, le thermomètre deſcendit à 11 degrés au-deſſous de la première congélation, le vent Nord-Oueſt & ſenſible, le baromètre à 28 pouces 7 lignes.

La plus grande hauteur du thermomètre fut obſervée le 30 Juin à 3 heures après midi, de 33 degrés par un vent de Sud fort & brûlant, le baromètre étant à la hauteur de 27 pouces 8 lignes ½. La différence de hauteur des deux extrêmes a été de 44 degrés ¼.

La plus grande élévation du mercure dans le baromètre, fut le 30 Novembre & le 1.ᵉʳ Décembre matin, à 28 pouc. 7 lign. le vent Nord-Oueſt, le thermomètre à 9 degrés ¼ au-deſſous de zéro, le ciel couvert tout le jour & gros vent à la première obſervation; à la ſeconde le vent étoit le même & ſenſible, le thermomètre à 11 degrés au-deſſous du terme de la glace.

B

La plus petite élévation fut observée le 20 & le 21 Juin, de 27 pouces 4 lignes, le vent Sud, le ciel clair le matin, couvert & tonnerre l'après-midi; le thermomètre à 28 degrés $\frac{1}{2}$ à la première observation : à la seconde, le vent étoit Sud, le ciel couvert & le thermomètre à 17 degrés. La différence des deux extrêmes du mercure dans le baromètre, a été d'un pouce 3 lignes, & l'élévation moyenne de l'année, 27 pouces 11 lignes $\frac{1}{4}$.

En 1760, le 1.er Février matin, le thermomètre descendit à 12 degrés $\frac{1}{4}$ au-dessous du terme de la glace, le vent étoit Nord-Est & le ciel serein; le baromètre à 28 pouces 7 lignes.

La plus grande élévation de la liqueur dans le thermomètre, fut le 25 Juin à 3 heures après midi, elle monta à 34 degrés $\frac{1}{2}$; le vent étoit Sud $\frac{1}{4}$ Ouest, le ciel couvert tout le jour, le vent brûlant l'après-midi; le baromètre étoit à la hauteur de 27 pouces 7 lignes $\frac{1}{2}$. La différence de la plus petite à la plus grande élévation du thermomètre a été de 46 degrés $\frac{3}{4}$.

La plus grande hauteur du mercure dans le baromètre, fut observée le 13 Janvier matin à 28 pouces 7 lignes $\frac{1}{2}$; le vent Est, beau temps toute la journée, le thermomètre à 11 degrés au-dessous de zéro.

La plus petite hauteur fut observée le 21 Juillet à 3 heures du soir, à 27 pouces 3 lignes, le vent Nord, le ciel couvert, pluie & tonnerre l'après-midi depuis 4 heures jusqu'à 6; le thermomètre à 26 degrés. La différence de ces deux hauteurs extrêmes du mercure dans le baromètre, a été d'un pouce 4 lignes $\frac{1}{2}$, & l'élévation moyenne de l'année, de 27 pouces 10 lignes $\frac{1}{2}$.

En 1761, le 28 Décembre matin, la liqueur du thermomètre descendit à 7 degrés $\frac{1}{2}$ au-dessous du terme de la glace, le vent Nord-Est & beau temps, le baromètre étant à 28 pouces.

La plus grande chaleur fut observée le 6 Juin à 3 heures après-midi, le thermomètre monta à 30 degrés, le vent Sud, & ce fut le jour du passage de Vénus au-devant du disque du Soleil, le P. Amiot en fit l'observation; ce même jour, le ciel fut nébuleux jusque vers les 8 heures du matin, clair ensuite jusqu'à 4 heures du soir; le baromètre étoit à la hauteur de 27 pouces 5 lignes ½. La différence de ces deux hauteurs du thermomètre a été de 37 degrés ½.

La plus grande hauteur du baromètre fut observée le 13 Décembre, matin & soir, de 28 pouc. 6 lign. le vent Nord-Est ; le thermomètre à 6 degrés au-dessous de zéro le matin, & le soir à 3 degrés pareillement au-dessous du même terme.

La plus petite élévation du mercure dans le baromètre, fut le 20 Août matin, à 27 pouces 2 lignes ¾, le vent Sud-Ouest, brouillard le matin & serein l'après-midi ; le thermomètre à 19 degrés ¾. La différence de ces deux hauteurs extrêmes du mercure dans le baromètre a été d'un pouce 3 lignes ¼, & l'élévation moyenne de l'année 27 pouces 10 lignes.

En 1762, le plus grand degré de froid le 12 Janvier matin ; la liqueur du thermomètre descendit à 12 degrés ½ au-dessous du terme de la glace, le vent Nord-Ouest ; le baromètre à 28 pouces 3 lignes.

La plus grande chaleur fut observée le 11 & le 30 du mois de Juin ; à 3 heures après midi la liqueur du thermomètre monta à 28 degrés, le vent Sud-Est & le ciel couvert ; le baromètre à 27 pouces 7 lignes ¼ à la première observation, à la seconde le vent étoit Nord & variable, le ciel couvert ; le baromètre à 27 pouces 4 lignes. La différence de la plus petite à la plus grande hauteur du thermomètre a été de 40 degrés ½.

La plus grande hauteur du mercure dans le baromètre, fut observée le 20 Novembre à 3 heures après midi, à 28 pouces 9 lignes, le vent Sud, beau temps ; le thermomètre à 4 degrés au-dessus du terme de la glace.

La moindre hauteur fut observée le 21 Juin matin à 27 pouces 3 lignes, le vent Nord-Est, pluie toute la nuit du 20 au 21 & toute la journée du 21, le thermomètre étant à 15 degrés au-dessus de zéro. La différence des deux hauteurs extrêmes du mercure dans le baromètre a été d'un pouce 6 lignes ; & l'élévation moyenne de l'année 27 pouces 10 lignes.

L'on remarquera dans le Recueil des observations rapportées à la suite de ce Mémoire, que le mercure dans le baromètre s'eſt ſoutenu preſque toujours au-deſſous de 28 pouces dans les mois de Mai, Juin, Juillet, Août & Septembre; & que dans les autres mois de l'année il a été obſervé preſque toujours au-deſſus de 28 pouces.

Je rapporterai ici, en Table, l'élévation de la hauteur moyenne du mercure dans le baromètre pour chaque mois; enſuite l'élévation moyenne de chaque année, & enfin l'élévation moyenne de toutes les obſervations: la méthode que j'ai ſuivie pour trouver ces hauteurs moyennes, a été d'additionner toutes les obſervations d'un mois, & de diviſer la ſomme par le nombre des obſertions, & en additionnant enſuite toutes les élévations moyennes, trouvées pour chaque mois & diviſant cette ſomme par le nombre des mois, j'ai déduit la hauteur moyenne de l'année.

Explication de la Table ſuivante.

La 1.re colonne contient les mois de chaque année d'obſervation.

La 2.e la ſomme des élévations du mercure dans le baromètre pour chaque mois.

La 3.e contient le nombre des Obſervations.

La 4.e l'élévation moyenne de mois en mois.

La 5.e & la 6.e contiennent la plus grande & la moindre élévation du mercure pour chaque mois.

La 7.e & la 8.e indiquent le plus grand & le moindre degré de chaleur du thermomètre, obſervé chaque mois.

Et la 9.e colonne contient les vents dominans: quant à l'ordre que j'ai ſuivi, j'ai commencé par ceux qui ont été les plus fréquens, comme en Janvier 1757, le vent du Sud a été le plus conſtant; après le vent du Sud a régné le vent du Nord-Eſt & celui du Nord enſuite.

MOIS des Années d'Obſervation.	SOMME d'élévation de chaque mois.	Nomb. des Obſervations.	ÉLÉVATION moyenne de chaque mois.	BAROMÈTRE.		THERMOM.		VENTS DOMINANS.
				Plus grande élévation.	Moindre élévation.	Grand degré de chaleur.	Moind. degré de chaleur.	
	pouces. lignes.		*pouces. lig.*	*pouces. lig.*	*pouces. lig.*	*degrés.*	*degrés.*	
1757.								
Janvier....	1744. $2\frac{3}{4}$	62.	28. $1\frac{1}{2}$	28. 7	27. 9	....	—12	S. N-E. N.
Février....	1577. $0\frac{3}{4}$	56.	28. 2	28. 4	27. 11	— 0	—$11\frac{1}{4}$	N. S. N-E.
Mars........	1738. 11	62.	28. $0\frac{2}{3}$	28. 7	27. $8\frac{1}{2}$	$15\frac{1}{2}$	— 6	N. S. E.
Avril.......	1684. 3	60.	28. 1	28. 6	27. 9	20	— 0	S.N-E. S-E.
Mai	1731. 6	62.	27. 11	28. $2\frac{1}{2}$	27. $8\frac{1}{2}$	30	8	S. N. N-E.
Juin	1669. $5\frac{1}{4}$	60.	27. 10	28. 0	27. 8	$29\frac{3}{4}$	$14\frac{1}{2}$	S. N. S-E.
Juillet......	1723. 11	62.	27. $9\frac{2}{3}$	27. $11\frac{3}{4}$	27. 8	30	16	S. E. S-E.
Août........	1725. 4	62.	27. 10	28. 0	27. 8	$31\frac{1}{2}$	$15\frac{1}{2}$	S. N.
Septemb..	1676. 10	60.	27. $11\frac{1}{3}$	28. $2\frac{3}{4}$	27. 3 1/[illegible]	23	$6\frac{1}{2}$	N. S.
Octobre..	1732. $6\frac{3}{4}$	62.	27. $11\frac{1}{3}$	28. 4	27. 7	$18\frac{1}{2}$	— 1	N. S. N-E.
Novemb..	1680. 10	60.	28. 0	28. $4\frac{1}{4}$	27. $9\frac{1}{4}$	13	— $5\frac{1}{2}$	S. N. N-O.
Décembre	1745. 11	62.	28. 2	28. $4\frac{3}{4}$	27. $9\frac{3}{4}$	$5\frac{1}{2}$	—10	S. N-E. N.
1758.								
Janvier....	1718. 2	61.	28. 2	28. 6	27. 6	8	—12	S. N.
Février	1550. 10	55.	28. $2\frac{1}{3}$	28. 6	27. 8	6	—$10\frac{1}{2}$	S. N. S-E.
Mars........	1738. 3	62.	28. $0\frac{1}{2}$	28. 4	27. 8	$16\frac{1}{2}$	— 4	S. N. N-O.
Avril	1665. 3	60.	27. 9	28. 2	27. $6\frac{1}{2}$	$23\frac{1}{2}$	1	S. N.
Mai.........	1663. 5	60.	27. $8\frac{2}{3}$	28. 2	27. 6	28	$6\frac{1}{2}$	S. N. N-O.
Juin.........	1655. $5\frac{1}{4}$	60.	27. 7	27. $10\frac{1}{2}$	27. 5	30	13	S. N-E. S-E.
Juillet......	1378. $3\frac{1}{2}$	50.	27. $6\frac{3}{4}$	27. 10	27. 4	29	$15\frac{1}{2}$	N-E. S.
Août........	1355. $3\frac{3}{4}$	49.	27. 8	27. 11	27. $5\frac{3}{4}$	27	13	S. N.
Novemb..	844. 4	30.	28. $1\frac{2}{3}$	28. $5\frac{1}{2}$	27. $10\frac{1}{4}$	6	— 6	N. S.
Décembre	1746. $2\frac{1}{2}$	62.	28. 2	28. 5	27. 10	6	— $9\frac{1}{2}$	N. S. O.

MOIS des Années d'Obfervation.	SOMME d'élévation de chaque mois.	Nomb. des Obfervations.	ÉLEVATION moyenne de chaque mois.	BAROMÈTRE. Plus grande élévation.	BAROMÈTRE. Moindre élévation.	THERMOM. Grand degré de chaleur.	THERMOM. Moind. degré de chaleur.	VENTS DOMINANS.
	pouces. lignes.		*pouces. lig.*	*pouces. lig.*	*pouces. lig.*	*degrés.*	*degrés.*	
1759.								
Janvier....	1722. 7	61.	28. 3	28. 6	27. 11	4	—10	S. N-E. N.
Février....	1383. 6	49.	28. 3	28. 5	27. 11	9	—10	S. N-E. E.
Mars........	1738. 0	62.	28. $0\frac{1}{3}$	28. $4\frac{1}{2}$	27. $8\frac{3}{4}$	14	— 5	N-E. S.
Avril........	1670. $4\frac{1}{4}$	60.	27. 10	28. $2\frac{3}{4}$	27. 6	24	1	S. N-O. N.
Mai..........	1717. 11	62.	27. $8\frac{1}{2}$	27. $11\frac{1}{2}$	27. 5	29	7	S. N-E.
Juin.........	1657. 7	60.	27. $7\frac{1}{2}$	27. 10	27. 4	33	13	S. S-E.
Juillet.......	1684. $2\frac{1}{4}$	61.	27. $7\frac{1}{3}$	27. 9	27. $5\frac{1}{4}$	31	15	S. S-E.
Août.........	1328. 7	48.	27. $8\frac{1}{4}$	27. $9\frac{1}{2}$	27. $6\frac{3}{4}$	$31\frac{1}{2}$	16	S-E. S.
Septemb..	1675. 0	60.	27. 11	28. 2	27. 8	26	$6\frac{1}{2}$	S. N-E. N.
Octobre ..	1735. 0	62.	28. 0	28. 4	27. 9	$19\frac{1}{2}$	$1\frac{1}{4}$	S. N. N-O.
Novemb..	1687. 8	60.	28. $1\frac{1}{2}$	28. 7	27. 9	11	— $9\frac{1}{2}$	S. N-O. N.
Décembre	1748. $8\frac{1}{2}$	62.	28. $2\frac{1}{2}$	28. 7	27. $11\frac{3}{4}$	$8\frac{1}{4}$	— 11	N-E. S. N.
1760.								
Janvier....	1751. $7\frac{1}{4}$	62.	28. 3	28. $7\frac{1}{2}$	27. $9\frac{3}{4}$	$6\frac{1}{4}$	—$11\frac{3}{4}$	S. N-E.
Février....	1635. 2	58.	28. $2\frac{1}{3}$	28. 7	27. $11\frac{3}{4}$	$6\frac{1}{2}$	—$12\frac{1}{4}$	S. N. N-O.
Mars........	1735. $8\frac{1}{2}$	62.	28. 0	28. $4\frac{1}{2}$	27. $6\frac{3}{4}$	$17\frac{1}{2}$	— 4	S. N. N-O.
Avril........	1565. $1\frac{1}{4}$	56.	27. $11\frac{1}{3}$	28. 6	27. 8	$22\frac{1}{2}$	1	S. E.
Mai..........	1632. 10	59.	27. 8	28. $0\frac{1}{2}$	27. $5\frac{3}{4}$	$28\frac{1}{2}$	8	S.N-E.N-O.
Juin.........	1604. $0\frac{1}{2}$	58.	27. 8	27. 11	27. 6	$34\frac{1}{2}$	14	S. S-O.
Juillet.......	1707. $4\frac{1}{2}$	62.	27. $6\frac{1}{2}$	27. 8	27. 3	31	16	S. S-O. S-E.
Août.........	1709. 4	62.	27. 7	27. 9	27. 5	$29\frac{1}{2}$	15	S. N. E.
Septemb..	1553. 4	56.	27. 9	28. 1	27. $5\frac{3}{4}$	25	11	S. N. N-O.
Octobre...	1730. 4	62.	27. 11	28. $1\frac{1}{4}$	27. $7\frac{1}{2}$	18	2	S.N-O.N-E.
Novemb..	1507. $7\frac{1}{2}$	54.	27. 11	28. 3	22. $4\frac{1}{2}$	$10\frac{1}{2}$	— $6\frac{1}{2}$	S. N-O. N.
Décembre	1740. $3\frac{1}{2}$	62.	28. 1	28. 4	27. 8	5	— $6\frac{1}{2}$	S. N-O. N.

MOIS des Années d'Observation.	SOMME d'élévation de chaque mois.	Nomb. des Observations.	ÉLÉVATION moyenne de chaque mois.	BAROMÈTRE. Plus grande élévation.	BAROMÈTRE. Moindre élévation.	THERMOM. Grand degré de chaleur.	THERMOM. Moind. degré de chaleur.	VENTS DOMINANS.
	pouces. lignes.		*pouces. lig.*	*pouces. lig.*	*pouces. lig.*	*degres.*	*degrés.*	
1761.								
Janvier....	1570. $6\frac{1}{4}$	56.	28. $0\frac{1}{2}$	28. 3	27. 9	9	— 5	S. E. N-E.
Février....	1573. $10\frac{1}{4}$	56.	28. $1\frac{1}{4}$	28. $3\frac{1}{2}$	27. 10	$7\frac{1}{2}$	— 7	S.N-O.N-E.
Mars........	1732. 7	62.	27. $11\frac{1}{3}$	28. $2\frac{1}{4}$	27. $5\frac{3}{4}$	$13\frac{1}{4}$	— 2	S. N-E.
Avril........	1667. 0	60.	27. $9\frac{1}{3}$	28. 3	27. 4	20	2	S. E. N-O.
Mai.........	1606. $7\frac{1}{4}$	58.	27. $8\frac{1}{3}$	28. 0	27. 6	$26\frac{1}{2}$	6	S. O. S-E.
Juin........	1651. $3\frac{1}{2}$	60.	27. $6\frac{1}{4}$	27. $8\frac{3}{4}$	27. 4	30	14	S. N. S-E.
Juillet......	1706. $9\frac{3}{4}$	62.	27. $6\frac{1}{3}$	27. $8\frac{3}{4}$	27. 4	$29\frac{1}{2}$	$13\frac{1}{4}$	S. E. S-E.
Août........	1708. $8\frac{3}{4}$	62.	27. $6\frac{2}{3}$	27. $10\frac{1}{2}$	27. $2\frac{3}{4}$	28	14	S.S-E.N-E.
Septemb..	1662. $7\frac{1}{2}$	60.	27. $8\frac{1}{2}$	27. $10\frac{3}{4}$	27. 6	25	$9\frac{3}{4}$	S. N-E. N.
Octobre..	1672. 3	60.	27. $10\frac{1}{2}$	28. 3	27. 8	20	3	S.S-E.N-E.
Novemb..	1346. $9\frac{1}{4}$	48.	28. $0\frac{2}{3}$	28. $4\frac{1}{2}$	27. 9	12	— 4	N-O. S. N.
Décembre	1736. 10	62.	28. $0\frac{1}{4}$	28. 6	27. 9	10	— $7\frac{1}{2}$	S. N-E. N.
1762.								
Janvier....	1748. $5\frac{3}{4}$	62.	28. $2\frac{1}{2}$	28. $6\frac{1}{4}$	27. $8\frac{1}{4}$	4	—$12\frac{1}{2}$	S. N-O. N.
Février....	1377. $4\frac{3}{4}$	49.	28. $1\frac{1}{4}$	28. 5	27. 9	6	— 9	S. N-O.
Mars........	1647. $7\frac{3}{4}$	59.	27. 11	28. 3	27. 5	$13\frac{1}{3}$	— $6\frac{1}{2}$	N-O.S.N-E.
Avril.......	1363. 9	49.	27. 10	28. $1\frac{1}{4}$	27. 7	20	2	S.
Mai.........	1710. $10\frac{1}{2}$	62.	27. 7	27. 11	27. $3\frac{1}{4}$	23	8	S. S-E.N-O.
Juin.........	1649. $6\frac{1}{4}$	60.	27. 6	27. 8	27. 3	28	13	S-E. S. N-E.
Juillet......	1706. 4	62.	27. $6\frac{1}{3}$	27. $8\frac{3}{4}$	27. $4\frac{1}{4}$	$26\frac{1}{2}$	15	N-E. S-E. S.
Août.......	1710. 3	62.	27. 7	27. 9	27. 5	26	14	S.S-E.N-O.
Septemb..	1662. 0	60.	27. $8\frac{1}{3}$	27. 11	27. $6\frac{1}{4}$	$24\frac{1}{4}$	9	S. N-O.
Octobre..	1727. $11\frac{1}{2}$	62.	27. $10\frac{1}{2}$	28. $1\frac{1}{4}$	27. 8	19	1	S. N-E. S-E.
Novemb..	1402. $1\frac{1}{4}$	50.	28. $0\frac{1}{2}$	28. 9	27. $7\frac{1}{4}$	8	— 3	S. N.
Décembre	1711. $8\frac{3}{4}$	61.	28. $0\frac{2}{3}$	28. 3	27. 9	6	— $9\frac{1}{2}$	S. N-E. N.

TABLE des Résultats de la Table précédente.

ANNÉES des Observat.	HAUTEUR moyenne du mercure de chaque année.	BAROMÈTRE.		THERMOM.		VENTS DOMINANS.
		Plus grande élévation de chaque année.	Moindre élévation de chaque année.	Plus gr. degré de chaleur.	Plus gr. degré de glace de chaq. année.	
	pouces. lignes.	pouces. lignes.	pouces. lignes.	degrés.	degrés.	
1757.	27. 11¾	28. 7	27. 3½	31¼	—12	S. N.
1758.	27. 10⅔	28. 6	27. 4	30	—12	S. N.
1759.	27. 11½	28. 7	27. 4	33	—11	S. N-E.
1760.	27. 10½	28. 7½	27. 3	34½	—12½	S. N.
1761.	27. 10	28. 6	27. 2¾	30	—7½	S. N-E. S-E.
1762.	27. 10	28. 9	27. 3	28	—12½	S.N-O.S-E.

En prenant un milieu entre les résultats des six années d'observation, l'on aura pour hauteur moyenne du mercure dans e baromètre 27 pouces 10 lignes ¾.

Je rapporterai ici une troisième Table qui fera connoître les vents qui ont été les plus constans pendant la durée des six années d'observations.

ANNÉES.	NORD.	SUD	OUEST.	EST.	N-E.	N-O.	S-E.	S-O.
1757.	163	247	19	62	92	45	70	23
1758.	99	155	19	30	76	41	55	31
1759.	83	252	19	35	122	74	84	11
1760.	120	282	26	53	82	92	38	20
1761.	74	270	31	63	92	62	82	21
1762.	60	271	13	45	97	101	99	15
RÉSULTAT.	599	1477	127	288	561	415	428	121

L'on

L'on remarquera, par le réfultat de cette dernière Table, que le vent de Sud a été le plus dominant & qu'il a fouffié pendant la durée des fix années d'obfervations, quatorze cents foixante-dix-fept fois; après le vent de Sud a régné le vent du Nord, cinq cents quatre-vingt-dix-neuf; enfuite le Nord-Eft, le Sud-Eft, le Nord-Oueft, l'Eft, l'Oueft & le Sud-Oueft.

Le Recueil de ces Obfervations météorologiques comparées avec celles qui auront été faites en Europe, fera connoître la différence des climats, & l'on remarquera par ces Obfervations, que le climat de Pékin eft très-différent du nôtre; quoique Pékin foit plus près de l'Équateur que Paris, d'environ 9 degrés, le froid y eft fouvent beaucoup plus grand, & en général plus conftant qu'à Paris; la pluie y eft auffi plus abondante: fuivant une lettre du P. Cibot, Miffionnaire à la Chine, datée de Pékin le 20 Octobre 1761. « Il eft tombé plus de 5 pieds d'eau pendant l'été de 1761 *, il y eut des provinces entières inondées, « des millions d'hommes noyés, des villes englouties, &c. il y eut « auffi quelques tremblemens de terre dans la partie de l'Oueft ». Les vents font auffi plus fréquens & plus confidérables à Pékin qu'à Paris; le P. Amiot a eu foin d'en faire mention à la fuite de fes Obfervations, & de marquer en même-temps la quantité de neige qui eft tombée, les orages que l'on a effuyés, en un mot ces Obfervations font très-curieufes, & il feroit à defirer qu'elles fuffent plus multipliées fur le globe de la Terre; ces Obfervations feroient peut-être connoître dans la fuite des temps, les caufes des variations qui arrivent fi fouvent dans les faifons; il faudroit auffi déterminer l'élévation de chaque lieu au-deffus du niveau de la mer, & le tout pourroit conduire encore à expliquer bien des phénomènes qui arrivent & qui étonnent; d'ailleurs elles pourroient auffi fervir à la perfection de la théorie de la Terre.

Avant le Recueil de ces Obfervations, j'avois peine à me perfuader qu'il fit auffi froid à Pékin qu'à Paris, vu fa pofition qui eft, comme je l'ai déjà rapporté, d'environ 9 degrés plus méridionale, & j'étois d'autant plus perfuadé qu'il y faifoit moins

* Le P. Cibot n'a pas marqué les moyens qu'il a employés pour mefurer cette quantité d'eau.

froid que j'avois lû il y a dix-huit ans, dans une Lettre du P. Gaubil, Missionnaire à la Chine, adressée à M. de Mairan & datée de Pékin le 26 Octobre 1750, la relation d'une chaleur extraordinaire arrivée au mois de Juillet 1743, & qui fit périr des milliers d'hommes: voici l'Extrait de cette Lettre dont la copie écrite de ma main, se conserve dans la Correspondance de M. de l'Isle; au Dépôt des Plans, Cartes & Journaux de la Marine à Versailles.

« Les vieillards de Pékin n'ont jamais vu d'années où le chaud
» ait été aussi grand qu'au mois de Juillet 1743.

» Dès le 13 Juillet, la chaleur parut insupportable & la cons-
» ternation fut générale à la vue de beaucoup de pauvres gens
» & autres, sur-tout gens gras & replets qui mouroient subitement
» & qu'on trouvoit morts sur les chemins, dans les rues & dans
» les maisons.

» Les Mandarins, par ordre de l'Empereur, délibérèrent sur
» les moyens de soulager le peuple: dans les grandes rues & aux
» portes de la vilille on distribuoit *gratis* des remèdes, on donnoit
» de la glace & on faisoit par-tout de grandes aumônes.

» Depuis le 14 Juillet jusqu'au 25 du même mois, les grands
» Mandarins comptèrent onze mille quatre cents personnes, mortes
» de chaud dans la ville & les faubourgs de Pékin, tous gens
» pauvres, comme artisans, &c. on ne compta pas les gens aisés
» & en place, mais il y en eut aussi un grand nombre.

» Cette chaleur extraordinaire fut mesurée à un thermomètre
» exposé au Nord.

» Le 24 & le 25 Juillet 1743, la liqueur du thermomètre
» de Lubin rentra dans la petite boule supérieure, & on estima
» plus de 103 degrés.

» Le nombre de degrés de ce thermomètre va jusqu'à 100.

» Lubin marque très-froid au nombre 18.

» Il marque très-chaud au nombre 88.

Le 20 & le 21 Juillet, à trois heures après midi, le thermomètre «
de M. de Reaumur monta jufqu'au degré............ 33¼. «
Le 22 & le 23 à la même heure, à................. 34. «
Le 24, à............................... 34½. «
Le 25, à.............................. 35½. «

La nuit du 25 au 26, vent Nord-Eft & pluie. «

Le 26, le thermomètre à..................... 25½. «
Le 7 Août, à........................... 29¼. «
Le 9 du même mois, à..................... 30. «
Le 1.er Septembre, à...................... 26¼. «
Et le 27 du même mois, à................... 21½. «

« *Comparaifon du Thermomètre de Lubin avec celui de Reaumur.*

Reaumur.	Lubin.
Degrés	Degrés
20.	71.
24.	78¼.
27.	85.
29¼.	90½.
30.	91¼.
19.	70.
22.	74.
17.	63.
10.	50.

Les Obfervations qui fuivent, font celles qui ont été envoyées par le P. Amiot. Je n'y ai rien changé. Ce Recueil eft un peu étendu. Le réfumé que j'en ai tiré auroit pu fuffire, pour faire connoître la différence du climat à Pékin d'avec ceux, où de femblables Obfervations auront été faites; mais comme ces Obfervations de Pékin font uniques, foit pour la fuite, foit pour les détails; j'ai jugé convenable de les rapporter en entier, comme elles ont été envoyées, pour pouvoir les comparer & en tirer toutes les conféquences néceffaires à ce travail.

OBSERVATIONS MÉTÉOROLOGIQUES.

Faites à Pékin.

JANVIER 1757.

Jours du Mois.	THERMOM. Matin.	THERMOM. Soir.	BAROMÈTRE. Matin.	BAROMÈTRE. Soir.	VENT. Matin.	VENT. Soir.	ÉTAT DU CIEL.
	degrés.	degrés.	pouces. lignes.	pouces. lignes.			
1	....	....	28. 0	28. 2½	N. E.	N. E.	
2	....	....	28. 3¾	28. 3	N. E.	S.	
3	....	....	28. 4	28. 3	N. E.	S.	
4	....	....	28. 0	28. 2¼	E.	N.	le matin, vent Eſt variable.
5	....	....	28. 3	28. 2	N.	S.	
6	....	....	27. 11½	28. 1	N.	N.	vent fort le ſoir.
7	....	....	28. 1	28. 0½	N. O.	N.	
8	....	....	28. 0	28. 1	N.	N. ¼ O.	
9	....	....	28. 1½	28. 0	S. ¼ O.	S.	
10	....	....	28. 1	28. 1	S.	S.	
11	....	....	27. 11	27. 9¾	S.	S.	ciel nébuleux.
12	....	....	27. 10	28. 1	S.	S.	
13	....	....	28. 0¼	28. 0	S. E.	S.	ciel nébuleux.
14	....	....	28. 0	28. 0	S. E.	S. E.	temps à la neige.
15	....	....	28. 0¼	27. 11	S.	N.	le matin il eſt tombé de la neige.
16	....	....	28. 2	28. 1	N. ¼ O.	N. O.	
17	....	....	28. 4	28. 3	N. E.	S. E.	
18	....	....	28. 2½	28. 3	E. N. E.	N. E.	
19	—12	....	28. 7	28. 6	N. E.	N.	le matin vers les 8 heures, le thermomètre expoſé au Nord étoit à 12 degrés au-deſſous de la glace.
20	....	....	28. 6	28. 6	N.	N.	
21	....	....	28. 4	28. 3	N. ¼ O.	S.	
22	....	....	28. 2	28. 1	N. E.	S.	
23	....	....	28. 0¼	28. 0	N. E.	S.	
24	....	....	28. 0	27. 10½	S. E.	S. E.	neige à différentes repriſes.
25	....	....	27. 9	27. 10	N. ¼ O.	N.	ciel couvert.
26	....	....	28. 0½	28. 1	E.	S. O.	le matin il eſt tombé de la neige ; le ſoir le temps s'eſt éclairci.
27	....	....	28. 2	28. 2½	N.	N. O.	vent Nord-Oueſt violent.
28	....	....	28. 2	28. 1	N. O.	S. ¼ O.	
29	—10	— 8¼	28. 3½	28. 3½	E. ¼ N.	N. E.	
30	—11¼	—10	28. 3½	28. 3½	N. O.	N. E.	
31	—11½	— 8	28. 4	28. 2½	N. E.	N.	ciel nébuleux.

FÉVRIER 1757.

Jours du Mois.	Thermom. Matin.	Thermom. Soir.	Baromètre. Matin.	Baromètre. Soir.	Vent. Matin.	Vent. Soir.	État du Ciel.
	degrés.	degrés.	pouces. lignes.	pouces. lignes.			
1	— 10¼	— 6	28. 3	28. 2	N. E.	N.	
2	— 10¼	— 7¾	28. 2¼	28. 2½	N. E.	S.	
3	— 10¼	— 7½	28. 3	28. 3	N. O.	N.	
4	— 10¼	— 5½	28. 4	28. 3	N.	S.	
5	— 8	— 3½	28. 2	28. 2	N. E.	S.	
6	— 6¼	— 7	28. 4	28. 3	S.	N.	
7	— 8	— 5½	28. 3	28. 3	N.	N.¼O.	
8	— 9½	— 4¾	28. 4	28. 3	N. E.	N.	
9	— 6¾	— 4	28. 2½	28. 2¼	S.	S.	ciel couvert.
10	— 7	— 5	28. 3½	28. 3¾	N. E.	N. E.	il eſt tombé environ 4 lignes de neige.
11	— 9¼	— 5	28. 3	28. 2½	S.	S.	
12	— 8½	— 3½	28. 2	28. 1½	N. E.	N. E.	
13	— 10¼	— 8½	28. 3	28. 3	N.	N.	vent très-fort tout le jour.
14	— 11¼	— 6	28. 3	28. 2	S.	S.	
15	— 10½	— 6	28. 1¼	28. 1	N.¼E.	N. E.	ſoir, vent Nord-Eſt variable.
16	— 8	— 8	28. 2	28. 1	N.	N.	le mat. vent N. variab. violent le ſoir.
17	— 10¼	— 8	28. 1	28. 1	N.	N.	le matin, vent fort.
18	— 8	— 6	28. 3½	28. 2	N.	N.	
19	— 5	— 0½	28. 2	28. 1	N.	S.¼O.	
20	— 5	— 0½	28. 1	28. 0½	N.	S. O.	
21	— 4½	— 2	27. 11¾	27. 11	N. E.	N. E.	
22	— 0	— 0¼	27. 11½	28. 0	E.¼N.	E.	
23	— 2½	— 2	28. 0½	28. 1	E.	N.	hier ſoir, vers les 8^h il commença
24	— 6½	— 3	28. 2½	28. 2	N. O.	N.¼O.	à tomber de la neige, il en eſt tombé
25	— 5	— 0½	28. 2	28. 0½	S. O.	S.¼O.	juſqu'aujourd'hui à midi, en tout
26	— 1½	— 1¼	28. 1	28. 1	N.	N. E.	3 pouces.
27	....	....	28. 2	28. 1	N.	S.	
28	....	....	28. 1	28. 0	E.¼N.	E.	

MARS 1757.

Jours du Mois.	THERMOM.		BAROMÈTRE.		VENT.		ÉTAT DU CIEL.
	Matin.	Soir.	Matin.	Soir.	Matin.	Soir.	
	degrés.	degrés.	pouces. lignes.	pouces. lignes.			
1	— $1\frac{1}{2}$	— 2	28. 0	28. $0\frac{1}{2}$	E.	E.	ciel nébuleux.
2	— 3	3	28. 0	27. $11\frac{1}{2}$	E.	S. E.	ciel clair.
3	$2\frac{1}{2}$	10	28. 0	27. 11	E.S.E.	S. E.	
4	— 2	10	28. $0\frac{1}{2}$	28. 0	N.	N.	
5	— 1	2	28. 0	28. 0	E.	S.	
6	— 1	10	28. 1	28. 0	N.	S.	
7	2	$11\frac{1}{2}$	27. 11	27. $10\frac{1}{2}$	N. E.	S.	ciel nébuleux.
8	$1\frac{1}{2}$	12	27. $11\frac{1}{2}$	27. 11	N.	S. E.	
9	2	12	27. $11\frac{1}{2}$	27. 11	N.	S. E.	nébuleux le matin, ſerein le ſoir.
10	4	12	27. 10	27. 10	S. E.	S.	nébuleux le matin, ſerein le ſoir.
11	1	— 2	28. 1	28. 1	N.	N.	vent fort le ſoir, ciel couvert.
12	— 4	4	28. $1\frac{1}{2}$	28. 1	N.	S. O.	ciel clair.
13	— 3	$4\frac{1}{2}$	27. $8\frac{1}{2}$	28. 0	N. O.	S. O.	vent Nord-Oueſt fort.
14	— 4	$3\frac{1}{2}$	28. $2\frac{1}{4}$	28. $1\frac{1}{2}$	N. O.	S. O.	
15	— $2\frac{1}{2}$	— 1	28. 4	28. 4	N.	N.	vent fort, ciel couvert.
16	— 6	4	28. 1	27. $11\frac{3}{4}$	S. $\frac{1}{4}$ O.	E. $\frac{1}{4}$ S.	ciel couvert.
17	— 4	4	28. $0\frac{1}{2}$	28. $0\frac{1}{2}$	E.	S. E.	
18	— $3\frac{1}{2}$	$4\frac{3}{4}$	28. $1\frac{1}{2}$	28. 0	E. $\frac{1}{4}$ N.	E.S.E.	
19	— $0\frac{1}{2}$	7	27. $11\frac{1}{2}$	27. $10\frac{1}{2}$	S. E.	S.	ciel couvert.
20	— 1	10	27. 11	27. 11	E.	S. $\frac{1}{4}$ E.	vers les 4 heures du ſoir, le gros vent a commencé, il a fini au coucher du Soleil.
21	1	11	27. $11\frac{1}{2}$	27. 11	E.S.E.	S.	vers les 3^{h} le gros vent a commencé.
22	1	$11\frac{1}{2}$	28. $0\frac{1}{2}$	28. 0	N. $\frac{1}{4}$ O.	S.	vers les 2 heures, gros vent, il a ceſſé au coucher du Soleil.
23	$0\frac{1}{2}$	11	27. $11\frac{1}{2}$	28. 0	N.	S. E.	vers les 4 heures, le gros vent s'eſt levé, il a ceſſé au coucher du Soleil.
24	1	$15\frac{1}{4}$	28. 1	28. 2	N.	S.	vers les 3 heures, le gros vent a recommencé, il a ceſſé au coucher du Soleil.
25	2	$15\frac{1}{2}$	28. 2	28. 1	N.	S.	ſur les 4 heures du ſoir, vent fort, il a ceſſé au commencement de la nuit.
26	$4\frac{1}{2}$	14	27. 11	27. 11	S.	S.	gros vent l'après-midi, tonnerre & pluie le ſoir.
27	$3\frac{1}{2}$	14	28. 0	28. 0	N. O.	S.	le matin, vent variable.
28	$4\frac{1}{2}$	$13\frac{1}{2}$	28. 0	28. 0	S.	S. O.	ciel nébuleux.
29	7	11	28. $0\frac{1}{2}$	28. 4	N. E.	N.	
30	3	8	28. 6	28. 7	N.	N. $\frac{1}{4}$ O.	
31	— 0	9	28. 6	28. 6	N.	N.	

AVRIL 1757.

Jours du Mois.	THERMOM.		BAROMÈTRE.		VENT.		ÉTAT DU CIEL.
	Matin.	Soir.	Matin.	Soir.	Matin.	Soir.	
	degrés.	degrés.	pouces. lignes.	pouces. lignes.			
1	—0	11	28. 3	28. 3	N. E.	E.	pluie.
2	1½	5	28. 5	28. 6	E.	S.	pluie.
3	—0	10	28. 5	28. 5	S. E.	S.	
4	1	14	28. 2	28. 2	N. E.	S.	
5	4	15	28. 0	27. 10½	S. E.	S.	ciel nébuleux.
6	7	10	27. 11	28. 0	N. E.	S. E.	ciel nébuleux.
7	7	10	28. 1	28. 1	E.	S. ¼ E.	pluie douce la moitié de la journée.
8	5	5	28. 1	28. 1	S.	E.	
9	2	11½	28. 1½	28. 3	S.	S. E.	
10	5	13	28. 3	28. 1	N. E.	S.	
11	8	17	28. 3	28. 1	N. E.	S.	
12	6½	18	28. 0½	28. 0	N.	S. O.	
13	6	17½	28. 1½	27. 10½	S.	S.	
14	6	18	27. 10½	27. 10	N.	S.	ciel nébuleux.
15	8	18	27. 10	27. 10	S.	S.	
16	9	16	27. 10	27. 9	S.	S. O.	nébul. le matin, pluie & tonnerre vers les 4 heures du soir.
17	8	18	27. 11	27. 11	S. E.	S.	ciel nébuleux.
18	10	20	28. 0	28. 0	S.	S.	
19	11	18	28. 2	28. 1	N.	S.	vent variable le matin.
20	7	12	28. 1	28. 0	N.	S. E.	
21	8	18½	28. 0	28. 1	N. E.	S. E.	
22	10	18	28. 1	28. 0	N. E.	S.	nébuleux le matin, le soir quelques gouttes de pluie.
23	10	14	28. 0	27. 11½	S. O.	S.	il a plu toute la nuit dernière & une partie de la journée.
24	9	14	28. 0	27. 11	S.	S.	nébuleux tout le jour.
25	10	14	27. 11	28. 0¼	S.	S.	
26	6	15	28. 1	27. 11	S.	S.	
27	10	18	28. 0	28. 0	S.	S.	
28	10	16	28. 3	28. 3	N. E.	S.	
29	10	17½	28. 4	28. 3	N.	S.	nébuleux l'après-midi.
30	8½	17	28. 3	28. 0½	E.S.E.	S.	ciel nébuleux.

MAI 1757.

Jours du Mois.	Thermom. Matin.	Thermom. Soir.	Baromètre. Matin.	Baromètre. Soir.	Vent. Matin.	Vent. Soir.	État du ciel.
	degrés.	degrés.	pouces. lignes.	pouces. lignes.			
1	8	$19\frac{1}{2}$	28. 1	27. $11\frac{1}{2}$	E. $\frac{1}{4}$ S.	S. $\frac{1}{4}$ O.	
2	$9\frac{1}{2}$	21	28. 0	27. $11\frac{3}{4}$	N. $\frac{1}{4}$ O.	S.	
3	12	22	28. $1\frac{1}{4}$	28. 0	S.	S.	vent variable le matin & le ſoir.
4	11	22	28. 0	27. 11	S.	S.	
5	13	20	28. 0	28. 0	S.	S.	ciel nébuleux.
6	13	21	28. 1	28. $1\frac{1}{2}$	E.	S. $\frac{1}{4}$ E.	
7	12	14	28. 2	28. $0\frac{1}{2}$	N. $\frac{1}{4}$ E.	E.	nébuleux, le temps s'eſt déchargé par
8	12	18	27. $10\frac{1}{2}$	27. 11	E. N. E.	S. E.	quelques gouttes de pluie.
9	14	$24\frac{1}{2}$	27. $9\frac{1}{2}$	27. 10	N. E.	S.	vent Sud variable.
10	$13\frac{1}{2}$	23	28. 1	28. 0	N. O.	N. $\frac{1}{4}$ O.	
11	$12\frac{1}{2}$	22	28. 0	27. 11	S. E.	S. $\frac{1}{4}$ O.	ciel nébuleux.
12	$12\frac{1}{2}$	23	27. $10\frac{1}{2}$	27. 11	N. $\frac{1}{4}$ E.	S.	
13	13	20	28. 0	27. $11\frac{3}{4}$	N. $\frac{1}{4}$ O.	E. $\frac{1}{4}$ N.	couvert, pluie & tonnerre le ſoir.
14	13	21	28. 0	27. $11\frac{1}{2}$	N. $\frac{1}{4}$ E.	E.	pluie & tonnerre le ſoir.
15	$12\frac{1}{2}$	25	27. $11\frac{1}{2}$	27. 10	O. $\frac{1}{4}$ S.	S.	
16	18	$26\frac{1}{2}$	27. $8\frac{3}{4}$	27. $8\frac{1}{2}$	S.	O. $\frac{1}{4}$ S.	
17	18	26	27. 10	27. $11\frac{1}{4}$	E. $\frac{1}{4}$ N.	S. $\frac{1}{4}$ O.	
18	16	23	28. $2\frac{1}{2}$	28. 0	N. E.	S. $\frac{1}{4}$ E.	
19	14	26	27. 11	27. 9	S. $\frac{1}{4}$ E.	S. $\frac{1}{4}$ E.	
20	16	28	27. 9	27. $9\frac{1}{4}$	S. S. E.	S. $\frac{1}{4}$ E.	
21	16	28	27. $9\frac{1}{2}$	27. 10	S.	S.	
22	19	29	27. 11	27. 11	N. E.	S.	
23	22	30	27. 11	27. 10	N.	S.	
24	17	30	27. 10	27. 9	N. $\frac{1}{4}$ E.	S.	
25	17	28	27. 9	27. 9	E. $\frac{1}{4}$ N.	S.	
26	16	28	27. 9	27. $10\frac{1}{4}$	N. E.	N.	vent variable le mat. pluie l'après-midi.
27	12	18	28. 1	28. $1\frac{1}{4}$	N. E.	N. E.	ciel nébuleux.
28	$11\frac{1}{2}$	22	28. $1\frac{3}{4}$	27. $10\frac{1}{4}$	N. E.	S.	
29	13	25	27. 11	27. 10	N. E.	N.	ciel nébuleux.
30	14	22	28. 0	27. 11	S. E.	S.	
31	16	26	27. 11	27. 10	S.	S.	

JUIN 1757.

Jours du Mois.	THERMOM.		BAROMÈTRE.		VENT.		ÉTAT DU CIEL.
	Matin.	Soir.	Matin.	Soir.	Matin.	Soir.	
	degrés.	degrés.	pouces. lignes	pouces. lignes			
1	17	26	27. 10	27. 9	S. E.	S.	
2	17	24	27. 9	27. 9 $\frac{1}{4}$	N. $\frac{1}{4}$ E.	N.	variable, ciel nébuleux, quelques gouttes de pluie le soir.
3	15	24	27. 11	27. 10	S. $\frac{1}{4}$ O.	S.	
4	14 $\frac{1}{2}$	24 $\frac{1}{2}$	27. 10	27. 10	E.	E.	quelques gouttes de pluie le matin, nébuleux le soir.
5	15	25 $\frac{1}{2}$	27. 8 $\frac{1}{2}$	27. 8 $\frac{1}{4}$	N. E.	S. E.	vent variable le matin.
6	18 $\frac{1}{2}$	27 $\frac{1}{2}$	27. 8 $\frac{1}{4}$	27. 8	S. E.	S. E.	ciel nébuleux.
7	16 $\frac{1}{2}$	24 $\frac{1}{2}$	27. 8 $\frac{1}{4}$	27. 8	S. $\frac{1}{4}$ E.	S.	ciel nébuleux.
8	18	27 $\frac{1}{2}$	27. 8 $\frac{1}{2}$	27. 8 $\frac{1}{2}$	S. $\frac{1}{4}$ E.	S.	pluie la nuit dernière, pluie aujourd'hui vers les 4 heures du soir.
9	16	25 $\frac{1}{2}$	27. 11 $\frac{1}{2}$	27. 10	N. $\frac{1}{4}$ E.	S. $\frac{1}{4}$ E.	ciel clair.
10	17	29	27. 10	27. 9	S.	S. $\frac{1}{4}$ O.	
11	16	29	27. 9 $\frac{1}{4}$	27. 9 $\frac{1}{4}$	N. $\frac{1}{2}$ O.	N.	
12	16 $\frac{1}{2}$	22	27. 10	27. 9	S. $\frac{1}{4}$ E.	S. E.	ciel nébuleux.
13	15	23	27. 9	27. 9	S. E.	S. E.	ciel couvert.
14	15	22	27. 9 $\frac{1}{2}$	27. 10	N. $\frac{1}{4}$ E.	N. E.	ciel clair.
15	15	27	27. 11	27. 10	N.	N.	
16	15 $\frac{1}{2}$	28	27. 10	27. 10 $\frac{1}{2}$	E. $\frac{1}{4}$ N.	S. O.	
17	17	29 $\frac{1}{2}$	27. 10 $\frac{1}{2}$	27. 9	S. E.	S.	
18	18 $\frac{1}{2}$	29	27. 10 $\frac{1}{2}$	27. 10 $\frac{1}{2}$	S. $\frac{1}{4}$ O.	S.	
19	16 $\frac{1}{2}$	29	27. 11 $\frac{1}{2}$	27. 11	S.	S. $\frac{1}{4}$ E.	
20	18	29	27. 11 $\frac{3}{4}$	27. 11 $\frac{1}{2}$	N. $\frac{1}{4}$ O.	S.	
21	19	29 $\frac{3}{4}$	28. 0	28. 0	S.	O. $\frac{1}{4}$ N.	
22	18 $\frac{1}{4}$	20	28. 0	27. 11 $\frac{3}{4}$	N.	N.	vent variable le matin, pluie le soir.
23	17 $\frac{1}{2}$	22	27. 11 $\frac{1}{4}$	27. 11 $\frac{1}{4}$	N.	N. O.	pluie toute la nuit dernière.
24	17	22	27. 10 $\frac{1}{2}$	27. 10 $\frac{1}{2}$	N.	N. O.	pluie la nuit dernière.
25	17 $\frac{1}{2}$	22	27. 10 $\frac{1}{2}$	27. 10 $\frac{1}{2}$	O.	O.	pluie pendant la nuit & aujourd'hui mat.
26	17	22	27. 10 $\frac{1}{2}$	27. 10 $\frac{1}{2}$	O.	O.	vent variable & couvert le matin, pluie l'après-midi.
27	17	25 $\frac{1}{2}$	27. 10	27. 9 $\frac{3}{4}$	O.	S.	vent variable le mat. pluie l'après-midi.
28	17	20	27. 8	27. 8	E.	E.S.E.	pluie tout le jour.
29	17	20	27. 9 $\frac{1}{2}$	27. 8	S. E.	E.S.E.	pluie toute la nuit dernière.
30	17	20	27. 9	27. 8 $\frac{1}{2}$	S. E.	S. E.	pluie.

JUILLET 1757.

Jours du Mois.	THERMOM. Matin.	THERMOM. Soir.	BAROMÈTRE. Matin.	BAROMÈTRE. Soir.	VENT. Matin.	VENT. Soir.	ÉTAT DU CIEL.
	degrés.	degrés.	pouces. lignes.	pouces. lignes.			
1	$17\frac{1}{2}$	21	27. 9	27. 9	S. E.	S. E.	couvert, pluie à différentes reprises.
2	17	20	27. 9	27. 9	S. E.	S. E.	couvert, pluie à différentes reprises.
3	20	27	27. 8	27. 8	S.	N.	variable l'un & l'autre, ciel nébuleux.
4	20	28	27. 8	27. 9	N. E.	S.	variable, couvert le matin, l'après-midi pluie & tonnerre.
5	18	$28\frac{3}{4}$	$27. 8\frac{1}{2}$	$27. 8\frac{1}{2}$	$N.\frac{1}{4}E.$	S.	ciel clair.
6	18	$28\frac{3}{4}$	$27. 8\frac{1}{2}$	$27. 8\frac{1}{2}$	$N.\frac{1}{4}E.$	S.	
7	21	$28\frac{1}{2}$	$27. 9\frac{1}{4}$	27. 9	S.	E.	pluie l'après-midi.
8	20	$26\frac{1}{2}$	27. 9	27. 9	N. E.	S.	ciel couvert.
9	20	$28\frac{1}{2}$	$27. 9\frac{1}{2}$	27. 9	S.	O.	ciel clair.
10	20	29	27. 10	27. 10	E.	S. E.	ciel nébuleux.
11	$22\frac{1}{2}$	29	$27. 8\frac{1}{2}$	$27. 8\frac{1}{2}$	E.	$S.\frac{1}{4}O.$	ciel clair.
12	26	30	$27. 8\frac{1}{2}$	27. 8	$S.\frac{1}{4}E.$	S. O.	
13	24	$22\frac{1}{2}$	27. 9	27. 9	$N.\frac{1}{4}O.$	S.	
14	21	29	27. 9	27. 9	E.	S. E.	ciel nébuleux.
15	21	29	$27. 9\frac{1}{2}$	27. 10	E.	S. O.	ciel nébuleux.
16	21	27	$27. 9\frac{1}{2}$	$27. 9\frac{3}{4}$	S. E.	N.	ciel nébuleux.
17	19	28	27. 10	27. 10	E.	S.	ciel clair.
18	20	27	27. 11	27. 10	E.	S.	
19	20	28	27. 10	27. 10	E.	S.	
20	20	28	$27. 10\frac{1}{2}$	$27. 10\frac{1}{2}$	S.	S.	
21	$19\frac{1}{2}$	30	$27. 10\frac{1}{2}$	$27. 10\frac{1}{2}$	$E.\frac{1}{4}N.$	S. E.	
22	16	23	27. 11	$27. 10\frac{1}{2}$	E.	S.	vent Est variable, le matin pluie & tonnerre pendant deux heures, de temps à autre le ciel clair.
23	$18\frac{1}{2}$	30	27. 11	$27. 10\frac{1}{2}$	S.	S.	ciel clair.
24	$19\frac{1}{2}$	30	27. 10	27. 10	S.	S.	
25	21	$29\frac{1}{2}$	$27. 10\frac{1}{4}$	27. 10	$S.\frac{1}{4}E.$	$S.\frac{1}{4}E.$	
26	21	$29\frac{1}{2}$	27. 11	27. 11	E.S.E.	S. O.	ciel nébuleux.
27	21	29	$27. 11\frac{3}{4}$	$27. 11\frac{3}{4}$	S. O.	$S.\frac{1}{4}E.$	ciel nébuleux.
28	22	29	$27. 11\frac{3}{4}$	$27. 11\frac{1}{2}$	E.	E.S.E.	ciel nébuleux.
29	$21\frac{1}{4}$	$29\frac{1}{2}$	27. 10	$27. 9\frac{3}{4}$	E.	S.	vent variable le matin.
30	$21\frac{1}{2}$	$21\frac{1}{2}$	27. 10	27. 9	E.	E.	pluie la nuit dernière & aujourd'hui tout le jour, vent variable le matin.
31	21	26	27. 10	27. 10	E.	E.	vent variable.

AOUST 1757.

Jours du Mois.	THERMOM. Matin.	THERMOM. Soir.	BAROMÈTRE. Matin.	BAROMÈTRE. Soir.	VENT. Matin.	VENT. Soir.	ÉTAT DU CIEL.
	degrés.	degrés.	pouces. lignes.	pouces. lignes.			
1	20 1/4	27 1/2	27. 10	27. 9	S. E.	S. E.	vent variable.
2	20 1/2	28 1/2	27. 9 1/4	27. 10	S. E.	S.	vent variable le matin.
3	20 1/2	28 1/2	27. 10	27. 10	S.	S.	vent variable le matin.
4	21	29	27. 10	27. 10	N. E.	S.	
5	21 1/2	29 1/4	27. 10 1/2	27. 10	N.	S.	
6	21 1/2	30 1/4	27. 10 1/4	27. 9 3/4	S.	S.	
7	22 1/2	29	27. 10 1/2	27. 10	S. E.	S.	ciel nébuleux.
8	21 1/2	29 1/2	27. 10	27. 10	S.	S.	
9	22 1/4	31 1/2	27. 9	27. 8 1/4	S.	S.	
10	22 1/2	30 1/2	27. 8 3/4	27. 8	S.	S.	
11	23 1/2	28 1/2	27. 8 1/4	27. 9	S.	S. E.	grosse pluie depuis 3 heures après midi jusqu'à 7 du soir.
12	18 1/2	23 1/2	27. 10 1/2	27. 10	S.	S. 1/4 E.	
13	18 1/2	17 1/2	27. 9	27. 9 3/4	N.1/4 O.	N.	pluie douce toute l'après-midi.
14	16 1/2	17 1/2	27. 9	27. 9 3/4	N.1/4 O.	N.	
15	15 1/2	24	27. 10	27. 10	N. E.	E.1/4 N.	
16	18	25	27. 10 1/4	27. 9 3/4	N.1/4 E.	N. E.	
17	18	26	27. 10	27. 10	N.	E.	
18	17 1/2	26 1/4	27. 10	27. 10	N.	N. E.	variable.
19	19 1/4	29 1/4	27. 8 1/4	27. 8 1/4	N.	E.	
20	17 1/2	26 1/4	27. 9 3/4	27. 9	N.1/4 O.	S.	
21	16	26 1/4	27. 10 1/2	27. 10 1/2	N.	N. E.	
22	16	26 1/2	27. 11	27. 11	N.	S. E.	le matin le vent variable.
23	17	27	28. 0	28. 0	N.1/4 O.	S.	ciel nébuleux.
24	19	27	28. 0	28. 0	N.1/4 E.	S.	nébuleux le mat. pluie douce sur le soir.
25	17	25	28. 0	27. 9	S.	S.	
26	16 1/4	25	27. 9 1/2	27. 9 1/2	N.1/4 E.	S.1/4 O.	
27	17	23 1/2	27. 10 1/2	27. 9	N.1/4 E.	S.	
28	18 1/4	25	27. 10	27. 10	N.	S. E.	
29	18	27	27. 10	27. 10	S.1/4 E.	S.	
30	17	27	27. 10 1/4	27. 10 1/4	N. E.	S.	
31	18	25	27. 10 1/2	27. 10 1/2	S. O.	N. E.	variable, ciel nébuleux.

D ij

SEPTEMBRE 1757.

Jours du Mois.	THERMOM. Matin.	Soir.	BAROMÈTRE. Matin.	Soir.	VENT. Matin.	Soir.	ÉTAT DU CIEL.
	degrés.	degrés.	pouces. lignes.	pouces. lignes.			
1	15	23	27. 10	27. 10	S. E.	N. O.	variab. pluie la nuit dern. & l'après-midi.
2	13 1/4	18	28. 0	28. 0 1/4	N. 1/4 O.	N. O.	pluie la nuit dernière & ce matin.
3	12	23	28. 1	28. 1	N. 1/4 O.	N.	
4	12 3/4	21 1/2	28. 1 1/2	28. 0	N.	S. 1/4 E.	
5	13 1/4	23	28. 0	28. 0	S. 1/4 O.	S.	
6	14 1/2	22 1/2	27. 11 1/2	27. 11 1/2	N. 1/4 O.	S.	
7	14	22 1/2	27. 11 3/4	27. 11 1/2	N. 1/4 O.	S.	
8	17	21	27. 10	27. 10	S.	S.	
9	14	17	27. 9	27. 7 1/2	N. 1/4 O.	N. 1/4 O.	pluie l'après-midi.
10	11 1/2	13 1/2	27. 4	27. 3 1/4	N. O.	S.S.O.	couvert tout le jour.
11	10	16	27. 4 1/2	27. 6 3/4	N. O.	N. E.	
12	11	16	27. 9	27. 9	N. 1/4 E.	N.	
13	12	17	27. 9	27. 9 1/4	N.	S.	
14	12	22 1/2	28. 0	27. 11 3/4	N. 1/4 E.	S.	
15	13 1/2	20 1/2	27. 11 1/4	27. 10 2/3	N. O.	S. 1/4 O.	
16	21	22	27. 11	27. 11 3/4	N. 1/4 O.	N.	
17	11 1/2	19 1/2	28. 0 1/4	28. 0	N.	S. O.	
18	10 1/2	20	28. 0 1/4	28. 0	N. 1/4 E.	O. 1/4 S.	
19	13	21	28. 0	28. 0	O. 1/4 S.	S. 1/4 O.	
20	11	19	27. 11	27. 10	N. E.	S. O.	variable, pluie sur le soir.
21	13	17	27. 11	28. 0 1/2	N.	N.	gros vent.
22	10	18	28. 1 1/2	28. 1 1/2	N.	S. E.	variable, clair le matin, pluie le soir.
23	13	18 1/2	28. 1 1/2	28. 2	S. E.	O.	
24	12	19	28. 2 3/4	28. 1 3/4	N. E.	S.	
25	8 1/2	19 1/2	28. 1 1/2	28. 1 1/2	N. E.	S.	
26	9	20	28. 1	28. 0 1/2	N.	S.	
27	11	21	28. 0 1/2	28. 1	N. E.	S.	
28	12	18	28. 2	28. 0 1/4	N.	S.	vent fort.
29	9 1/2	11	28. 1	28. 0 1/4	S. E.	S. E.	pluie presque tout le jour.
30	6 1/2	15 1/2	28. 1	28. 1 1/2	N. E.	N. O.	

OCTOBRE 1757.

Jours du Mois.	Thermom. Matin.	Thermom. Soir.	Baromètre. Matin.	Baromètre. Soir.	Vent. Matin.	Vent. Soir.	État du Ciel.
	degrés.	*degrés.*	*pouces. lignes.*	*pouces. lignes.*			
1	$6\frac{1}{2}$	$18\frac{1}{2}$	27. $10\frac{1}{2}$	27. 10	N. O.	S. O.	
2	$7\frac{3}{4}$	18	27. 10	27. 10	N.	N.	
3	10	$17\frac{1}{2}$	27. $9\frac{3}{4}$	27. 9	N. $\frac{1}{4}$ E.	S. $\frac{1}{4}$ O.	
4	10	12	27. $8\frac{3}{4}$	27. $7\frac{3}{4}$	N. E.	O. $\frac{1}{4}$ N.	ciel nébuleux.
5	3	12	27. $9\frac{1}{4}$	27. $10\frac{1}{2}$	N.	N. $\frac{1}{4}$ E.	vent fort le matin.
6	$6\frac{1}{2}$	$11\frac{1}{4}$	28. 1	27. $10\frac{1}{2}$	S. $\frac{1}{4}$ O.	S.	ſoir, vent fort.
7	$3\frac{1}{2}$	14	27. 11	28. 0	N. $\frac{1}{4}$ O.	N. $\frac{1}{4}$ O.	vent très-violent juſqu'au coucher du Soleil.
8	$4\frac{1}{4}$	14	28. $0\frac{1}{4}$	27. $9\frac{1}{4}$	S. $\frac{1}{4}$ O.	S.	le vent a commencé à être violent à 9 heures & demie du matin, même degré de force juſqu'à 4 heures du ſoir, il a ceſſé au coucher du Soleil.
9	8	17	27. 8	27. 7	N. E.	S. $\frac{1}{4}$ O.	
10	8	15	27. 7	27. $8\frac{3}{4}$	N. $\frac{1}{4}$ E.	N.	ciel nébuleux.
11	8	15	27. $11\frac{3}{4}$	27. $11\frac{3}{4}$	N. $\frac{1}{4}$ E.	S.	
12	5	14	27. 11	27. $10\frac{1}{2}$	N.	S.	
13	$6\frac{1}{4}$	16	27. $11\frac{3}{4}$	27. $10\frac{3}{4}$	O. N. O.	S.	
14	10	17	27. 9	27. $7\frac{1}{4}$	N.	O. $\frac{1}{4}$ S.	ciel nébuleux.
15	10	18	27. $7\frac{1}{2}$	27. $7\frac{1}{2}$	E. $\frac{1}{4}$ N.	S. $\frac{1}{4}$ E.	
16	10	$18\frac{1}{4}$	27. $8\frac{1}{4}$	27. $8\frac{1}{4}$	N. E.	S.	
17	$11\frac{1}{2}$	15	27. 9	27. 9	S. E.	E.	variable, pluie le matin depuis 10 heures juſqu'à midi.
18	3	8	28. 0	28. $0\frac{1}{2}$	N. O.	N. O.	le matin vent très-violent, le ſoir moins fort.
19	— 1	7	28. $1\frac{1}{2}$	28. $0\frac{1}{4}$	N. $\frac{1}{4}$ O.	N. O.	vent à 10 heures, il a ceſſé au coucher du Soleil, il a repris la nuit.
20	— $0\frac{1}{4}$	7	28. $1\frac{1}{2}$	28. $0\frac{3}{4}$	N.	S. O.	le vent a été très-fort juſqu'à 10 heures.
21	$0\frac{1}{2}$	8	28. $1\frac{3}{4}$	28. 2	N. $\frac{1}{4}$ O.	N. $\frac{1}{4}$ O.	
22	3	$8\frac{1}{2}$	28. $1\frac{1}{2}$	28. $1\frac{3}{4}$	N. E.	S. $\frac{1}{4}$ O.	ciel nébuleux.
23	$0\frac{1}{2}$	$8\frac{1}{2}$	28. 2	28. 1	N. E.	S. $\frac{1}{4}$ E.	beau temps juſqu'à une heure après-midi, nébuleux juſqu'au coucher du Soleil, clair enſuite.
24	2	11	28. $0\frac{3}{4}$	28. 2	N. E.	N.	gros vent depuis 2 heures après-midi.
25	$1\frac{1}{2}$	$8\frac{1}{2}$	28. 4	28. 3	N. $\frac{1}{4}$ O.	O. $\frac{1}{4}$ S.	le vent a été violent juſqu'au coucher du Soleil.
26	$0\frac{1}{2}$	12	28. $2\frac{1}{2}$	28. $1\frac{1}{4}$	S. $\frac{1}{4}$ O.	S. $\frac{1}{4}$ E.	
27	$1\frac{1}{2}$	$13\frac{1}{2}$	28. $0\frac{1}{2}$	28. 0	S. $\frac{1}{4}$ E.	S.	nébul. le matin, beau le reſte du jour.
28	$2\frac{3}{4}$	14	28. 3	28. 2	S. $\frac{1}{4}$ E.	S.	
29	$0\frac{3}{4}$	12	28. $1\frac{1}{2}$	27. $11\frac{1}{4}$	N. $\frac{1}{4}$ E.	S. $\frac{1}{4}$ E.	
30	$3\frac{1}{2}$	10	28. 0	28. $1\frac{1}{4}$	N. $\frac{1}{4}$ O.	N. O.	nébuleux, temps clair à 9 heures du matin, vers midi vent violent, il a molli le ſoir & ceſſé pendant la nuit.
31	$0\frac{3}{4}$	$8\frac{1}{2}$	28. $2\frac{1}{2}$	28. $1\frac{1}{4}$	N. $\frac{1}{4}$ O.	S. $\frac{1}{4}$ O.	

NOVEMBRE 1757.

Jours du Mois.	THERMOM.		BAROMÈTRE.		VENT.		ÉTAT DU CIEL.
	Matin.	Soir.	Matin.	Soir.	Matin.	Soir.	
	degrés.	degrés.	pouces. lignes.	pouces. lignes.			
1	$0\frac{1}{2}$	10	28. 2	28. $0\frac{1}{4}$	S.$\frac{1}{4}$E.	S.	
2	1	11	27. $11\frac{1}{2}$	27. $10\frac{1}{4}$	N.$\frac{1}{4}$E.	S.$\frac{1}{4}$E.	
3	$1\frac{1}{2}$	13	27. 10	27. 10	N.$\frac{1}{4}$O.	N. O.	
4	5	12	27. 10	27. 10	N. O.	S.	temps clair vers 9 heures du matin, beau le reste du jour.
5	3	11	27. $10\frac{1}{2}$	27. 11	S.$\frac{1}{4}$E.	S.	brouillard épais se dissipe à 9 heures du matin, beau ensuite.
6	$3\frac{1}{2}$	12	28. $1\frac{1}{4}$	27. 11	N. E.	S.$\frac{1}{4}$E.	le soleil s'est couché dans les nuages.
7	$3\frac{1}{2}$	11	28. 0	27. $9\frac{1}{4}$	N. O.	S.	le soleil s'est couché dans les nuages.
8	4	12	27. $11\frac{3}{4}$	27. $11\frac{1}{2}$	N. E.	S. $\frac{1}{4}$O.	à huit heures du matin, vent assez fort, il a cessé vers les 10 heures, il a repris à midi & a cessé à 2 heures.
9	$0\frac{1}{4}$	10	28. $0\frac{1}{2}$	28. 0	N.$\frac{1}{4}$O.	S.	à 3 heures après-midi, vent fort, il a cessé à 4 heures.
10	$1\frac{1}{2}$	10	28. 0	27. 11	N.$\frac{1}{4}$E.	S.$\frac{1}{4}$E.	couvert; il s'est éclairci à 10 heures, mais il a été nébuleux le reste du jour.
11	$1\frac{1}{2}$	$9\frac{1}{4}$	28. 1	28. $0\frac{1}{2}$	N.$\frac{1}{4}$E.	O.$\frac{1}{4}$S.	beau temps.
12	1	$10\frac{1}{2}$	28. $0\frac{1}{2}$	28. 0	N. E.	S.$\frac{1}{4}$E.	à midi vent Nord-Ouest fort, il a molli à 4 heures.
13	$0\frac{3}{4}$	$10\frac{1}{2}$	28. $0\frac{1}{2}$	28. 0	N.$\frac{1}{4}$O.	N. O.	vent variable le matin.
14	1	9	27. $11\frac{3}{4}$	27. 11	N.$\frac{1}{4}$E.	S.	
15	1	10	27. $11\frac{1}{2}$	27. $11\frac{3}{4}$	N. O.	S.	le thermomètre au soleil libre, a monté à 37 degrés, exposé au Nord, à 10 degrés.
16	1	$9\frac{1}{4}$	27. $10\frac{1}{2}$	27. $9\frac{3}{4}$	N.$\frac{1}{4}$E.	N. O.	nuage à midi, le soleil s'est couché dans les nuages.
17	2	1	28. 0	28. $1\frac{1}{2}$	N.	N.	ciel clair vers midi, vent fort le matin, foible le soir.
18	$-4\frac{1}{4}$	$4\frac{1}{4}$	28. 2	28. $0\frac{1}{2}$	S. E.	N. E.	beau jusqu'à 8 heures, nébuleux jusqu'à midi, beau ensuite.
19	$-2\frac{3}{4}$	4	28. $1\frac{1}{2}$	28. 1	N.$\frac{1}{4}$E.	S.	beau temps.
20	-3	5	28. 1	28. 0	N. E. S.	E.	ciel nébuleux.
21	-1	9	28. $0\frac{1}{2}$	28. 0	N.	N. O.	vent variable le matin.
22	-0	7	28. 2	28. $1\frac{1}{2}$	N. E.	S.	
23	$-1\frac{1}{4}$	8	28. $1\frac{1}{2}$	28. $0\frac{1}{2}$	N. E.	O.	ciel nébuleux.
24	2	7	28. 0	28. 0	N.$\frac{1}{4}$E.	S.	couvert à 10 heures, temps clair le reste du jour.
25	$1\frac{1}{2}$	$5\frac{1}{2}$	28. 0	28. 0	N.$\frac{1}{4}$E.	N. O.	vent Nord-Ouest violent qui n'a cessé qu'au coucher du soleil, ciel couvert.
26	$-0\frac{1}{2}$	$5\frac{1}{2}$	28. 1	28. 0	N. O.	S.	beau vers les 3 heures après-midi, vent Sud-Ouest très-fort, il a cessé une demi-heure après.
27	$-2\frac{1}{4}$	$5\frac{1}{2}$	28. 0	27. $11\frac{1}{2}$	N. E.	S.	beau, sur le soir le temps s'est un peu brouillé.
28	1	$1\frac{1}{2}$	28. 0	28. 3	N. O.	N. O.	violent pendant 24 heures.
29	$-4\frac{1}{2}$	$1\frac{1}{2}$	28. $4\frac{1}{2}$	28. 4	S.	S.	beau, vent foible.
30	$-5\frac{1}{2}$	1	28. $2\frac{1}{2}$	28. 0	N. E.	S.	

DÉCEMBRE 1757.

Jours du Mois.	THERMOM. Matin.	THERMOM. Soir.	BAROMÈTRE. Matin.	BAROMÈTRE. Soir.	VENT. Matin.	VENT. Soir.	ÉTAT DU CIEL.
	degrés.	degrés.	pouces. lignes.	pouces. lignes.			
1	— 4½	4¼	28. 0	27. 11¾	O. ¼ S.	S.	le ſoleil s'eſt couché dans les nuages.
2	— 3	5	27. 11¾	27. 11¾	S. ¼ E.	S.	beau temps.
3	— 2½	5½	27. 10¾	27. 9¾	N. E.	S. E.	
4	— 1½	5	27. 11	27. 10¾	N. E.	N. E.	
5	4¼	5½	27. 10¾	27. 11¾	N. E.	N. E.	pluie toute la journée.
6	1	1½	28. 2½	28. 3	N. E.	N. E.	pluie une partie de la nuit, couvert tout le jour.
7	— 2	0½	28. 4	28. 3	S.	S.	couvert, excepté à midi.
8	— 3½	0¾	28. 4	28. 2¾	N. O.	S.	beau temps.
9	— 6½	— 0½	28. 2	28. 1¼	O.	S.	le matin, gelée blanche.
10	— 6	1	28. 1	28. 1½	N. E.	S.	le matin, gelée blanche.
11	— 6½	— 4½	28. 2½	28. 2	E.	E.	pluie la nuit dernière & aujourd'hui juſqu'à midi, neige en tout un pouce & demi.
12	— 7	— 4	28. 2½	28. 3	N. E.	N. E.	neige tout le jour juſqu'à 5 heures, en tout 16 lignes.
13	— 8	— 4½	28. 3	28. 3¾	N. E.	S. ¼ O.	nébuleux le mat. clair le reſte du jour.
14	— 10	— 6	28. 3¾	28. 3	S. O.	S.	neige vers les 7 heures du matin.
15	— 10	— 3½	28. 3	28. 2	S. ¼ O.	S. E.	beau le matin, couvert le ſoir.
16	— 7	— 4	28. 1¾	28. 1	N. ¼ O.	N.	neige pendant la nuit 2 lignes, & par intervalles pendant la journée.
17	— 6½	— 6	28. 3	28. 3¾	N. ¼ O.	N.	vent fort tout le jour, il a ceſſé le ſoir.
18	— 9¾	— 5	28. 4½	28. 4	N. E.	N.	beau temps.
19	— 10	— 4½	28. 4¾	28. 4½	N. E.	N.	
20	— 10	— 3½	28. 4¼	28. 3¾	N. E.	S.	
21	— 6	— 3	28. 4	28. 4¾	N. O.	N. ¼ O.	vent variable le matin.
22	— 9¾	— 3	28. 3	28. 2	N. O.	S.	
23	— 8¼	0¼	28. 0¾	28. 2¾	N. E.	N. O.	vent fort tout le jour, il a ceſſé la nuit.
24	— 5¼	— 1	28. 4¾	28. 4	N. O.	N. O.	vers 9[h] vent très-fort, il a ceſſé la nuit.
25	— 8	— 0½	28. 4¼	28. 1½	S.	S. ¼ E.	
26	— 8½	— 2½	28. 0	27. 11¾	N.	E.	ciel nébuleux tout le jour.
27	— 6	0¼	28. 0	28. 0¼	N. E.	S. E.	nébul. le matin, clair le reſte du jour.
28	— 4	— 2	28. 1¾	28. 1¼	N. E.	E.	couv. le mat. neige vers les 2[h] ½, 6 lig.
29	— 1	1	28. 1	28. 2	N. ¼ E.	S.	ciel couvert.
30	— 7½	— 8	28. 4	28. 3½	N. ¼ E.	N.	vent très-fort tout le jour.
31	— 9	— 3	28. 4	28. 3	N. ¼ O.	S.	

JANVIER 1758.

Jours du Mois.	THERMOM. Matin.	Soir.	BAROMÈTRE. Matin.	Soir.	VENT. Matin.	Soir.	ÉTAT DU CIEL.
	degrés.	degrés.	pouces. lignes.	pouces. lignes.			
1	— 10¾	— 3½	28. 3½	28. 2¾	N. ¼ E.	S.	
2	— 9½	....	28. 2½	......	N. E.	.....	nébuleux le matin, clair ensuite.
3	— 9	— 3	28. 2	28. 1¼	N.	S.	le temps s'est couvert sur le soir.
4	— 7	— 3	28. 2¾	28. 3	S. E.	E.	couvert tout le jour.
5	— 3½	— 1½	28. 3¾	28. 3	E. ¼ S.	E. ¼ N.	couv. tout le jour, vers les 9 heures du soir neige, en tout 2 lignes.
6	— 6½	— 1½	28. 4	28. 4½	S. O.	S.	brouillard, il ne s'est dissipé que le soir.
7	— 6¾	— 3	28. 6	28. 5	S.	S.	couv. jusqu'à midi, clair le reste du jour.
8	— 9¼	— 4	28. 4	28. 2½	N. E.	S.	couvert presque tout le jour.
9	— 9¼	— 2	28. 2½	28. 2	S. O.	S.	nébul. jusqu'à 8 h, beau le reste du jour.
10	— 9	— 2¾	28. 2½	28. 2¼	S. E.	N.	beau temps.
11	— 10	— 5	28. 3½	28. 4¼	N. O.	N.	vent fort tout le jour, il a molli le soir.
12	— 11¼	— 5	28. 5½	28. 5	N. E.	S.	
13	— 12	— 4	28. 5	28. 3	N. ¼ E.	S.	nébuleux sur le soir.
14	— 11½	— 4	28. 3	28. 2	N. E.	N.	nébuleux sur le soir.
15	— 8	— 3	28. 2¾	28. 2¼	N.	N. ¼ O.	vent très-fort pendant la nuit & jusqu'à 7 heures du soir.
16	— 9¾	— 4	28. 3	28. 2	N. ¼ E.	S.	beau temps.
17	— 9	— 0¾	28. 1¼	28. 2½	S.	N.	couvert jusqu'à 10 heures, depuis 10 heures jusqu'à 7 du soir, gros vent.
18	— 7	— 4	28. 4¾	28. 5	N. O.	N.	gros vent pendant la journée.
19	— 9½	— 1	28. 5	28. 2¾	S.	S.	
20	— 7	— 1	28. 2¾	28. 1¼	N. E.	S.	vent variable le matin.
21	— 7½	— 0	27. 11¾	27. 10	S. ¼ O.	S.	le temps s'est couvert le soir.
22	— 3	6	28. 0	28. 0	S.	S. O.	beau temps.
23	— 4	5	28. 0½	28. 1	O.	S. O.	
24	— 7	— 0	28. 2	28. 2½	N.	N. ¼ O.	nébuleux le mat. gros vent l'après-midi.
25	— 7	0½	28. 3	28. 0½	N. ¼ O.	S. E.	beau le matin, couvert ensuite, gros vent depuis les 3 heures après midi.
26	— 6	0½	27. 11½	28. 2¾	N. E.	N.	couvert & gros vent tout le jour, vers les 7 heures du soir, il a cessé & le temps s'est éclairci.
27	— 4½	2	28. 3¼	28. 3	N. O.	N. O.	vent très-fort, il a molli par intervalles & repris avec la même force, il a cessé pendant la nuit.
28	— 3	4	28. 2	28. 1½	S.	N.	gros v. depuis 11 h du mat. jusqu'au soir.
29	— 4	4	28. 1¼	27. 9½	S. O.	S.	
30	— 5¼	4¼	27. 7	27. 6	S. O.	S.	
31	— 0½	8	27. 6½	27. 7	O.	S.	

FÉVRIER 1758.

Jours du Mois.	THERMOM.		BAROMÈTRE.				VENT.		ÉTAT DU CIEL.
	Matin.	Soir.	Matin.		Soir.		Matin.	Soir.	
	degrés.	degrés.	pouces.	lignes.	pouces.	lignes.			
1	$-3\frac{1}{2}$	$3\frac{1}{2}$	27.	8	28.	0	S.	N.	vent nord très-fort depuis 11^{h} jusqu'au soir.
2	-7	-0	28.	2	28.	$2\frac{1}{2}$	N.	S.	
3	-7	$-0\frac{1}{2}$	28.	2	28.	0	S. E.	S.	nébul. jusqu'à midi, couv. l'après-midi.
4	-5	5	27.	$11\frac{1}{4}$	27.	$11\frac{1}{4}$	S. O.	S.	néb. presq. tout le jour, le s. temps clair.
5	$-4\frac{1}{2}$	4	27.	$11\frac{1}{2}$	27.	10	N.	S.	vent variable le matin.
6	-3	1	28.	1	28.	2	S.	S.	couvert tout le jour.
7	-4	1	28.	$4\frac{1}{4}$	28.	3	S.	S.	
8	-7	3	28.	3	28.	$2\frac{1}{2}$	N.	S.	vent variable le matin.
9	$-5\frac{1}{2}$	-0	28.	$4\frac{1}{2}$	28.	4	N. E.	N. E.	couvert, il est tombé un peu de neige.
10	$-5\frac{1}{2}$	-3	28.	4	28.	4	S. E.	S. E.	neige la nuit dernière une ligne, couvert le matin, neige le soir, en tout 6 lignes.
11	-4	-2	28.	4	28.	$3\frac{1}{4}$	S. E.	S. E.	couv. temps clair le soir, neige 1 pouce.
12	-4	1	28.	$2\frac{1}{2}$	28.	$1\frac{1}{2}$	S. O.	S.	couvert, temps clair le soir.
13	-3	2	28.	$1\frac{3}{4}$	28.	1	N. E.	S. E.	couvert, temps clair sur le soir.
14	-3	4	28.	$1\frac{1}{2}$	28.	$1\frac{1}{2}$	N. O.	S. E.	beau temps.
15	-3	1	28.	1	27.	$11\frac{1}{2}$	E.	S. E.	couvert toute la journée.
16	-1	5	27.	$11\frac{1}{2}$	28.	$0\frac{1}{2}$	N.$\frac{1}{4}$O.	N. O.	couvert tout le jour.
17	$-2\frac{1}{2}$	3	28.	4	28.	$3\frac{1}{4}$	S.$\frac{1}{4}$O.	S.	couvert tout le jour.
18	-4	2	28.	4	28.	4	S.$\frac{1}{4}$E.	E.	nébuleux tout le jour.
19	$-4\frac{1}{2}$	-2	28.	$3\frac{1}{2}$	28.	$2\frac{3}{4}$	S.	O.$\frac{1}{4}$N.	couvert, neige l'après-midi, 4 lignes.
20	-8	-5	28.	4	28.	$5\frac{3}{4}$	N. O.	N.	pendant la nuit vent très-fort & toute la journée.
21	$-10\frac{1}{2}$	-5	28.	6	28.	$4\frac{1}{2}$	N.	N.$\frac{1}{4}$O.	le vent a cessé pendant la nuit, il a repris au lever du soleil & a cessé à son coucher.
22	-10	-2	28.	5	28.	4	N.	S. O.	variable, beau temps.
23	-10	1	28.	4	28.	$3\frac{1}{2}$	S.	S.	beau le matin, couvert le soir.
24	$-6\frac{1}{4}$	-5	28.	3	28.	5	N.	N. O.	pendant la nuit vent très-fort, il a duré tout le jour & a cessé au coucher du soleil.
25	$-10\frac{1}{4}$	-0	28.	$3\frac{1}{4}$	28.	2	N. E.	N. O.	ce matin à 9 heures, vent très-fort qui a duré jusqu'à 3 heures après midi.
26	-8	....	28.	3	......		S. E.	.....	
27	-6	5	28.	3	28.	$2\frac{1}{2}$	N. O.	S.	à midi vent fort, il a cessé vers les 4^{h}.
28	-6	6	28.	$1\frac{1}{2}$	28.	$1\frac{1}{2}$	N.$\frac{3}{4}$E.	N.	nébuleux le matin, beau temps depuis les 3 heures après midi.

MARS 1758.

Jours du Mois.	Thermom. Matin.	Thermom. Soir.	Baromètre. Matin.	Baromètre. Soir.	Vent. Matin.	Vent. Soir.	État du Ciel.
	degrés.	degrés.	pouces. lignes.	pouces. lignes.			
1	— 4	$9\frac{1}{2}$	28. $2\frac{1}{2}$	28. $1\frac{1}{4}$	N. O.	S. O.	beau temps.
2	— 3	6	28. 1	28. 0	N. O.	S.	à 2^{h} après midi le temps s'eſt couvert.
3	— $1\frac{1}{2}$	8	27. $11\frac{1}{2}$	28. 0	N. E.	N. O.	néb. juſq. 10^{h} du mat. enſuite b. temps.
4	— $1\frac{1}{2}$	6	28. 2	28. 1	S.	S. O.	beau temps.
5	— 0	3	28. 1	28. 1	N. E.	E. $\frac{1}{4}$ S.	couvert tout le jour.
6	1	2	27. $11\frac{3}{4}$	27. $11\frac{3}{4}$	E.	E.	neige tout le jour, elle fond à meſure.
7	— 3	5	27. 11	28. $1\frac{1}{2}$	O.	O.	beau temps.
8	— 1	7	28. 4	28. 3	N. $\frac{1}{4}$ O.	O.	
9	— 1	8	28. 3	28. 2	N. O.	S.	
10	— 0	$8\frac{1}{2}$	28. $2\frac{1}{2}$	28. 1	N. $\frac{1}{4}$ E.	S.	
11	— $0\frac{1}{2}$	$8\frac{1}{2}$	28. $0\frac{1}{2}$	27. 11	N. E.	N. O.	beau le matin, nébuleux, enſuite quelques gouttes de pluie.
12	$2\frac{1}{2}$	5	27. 11	28. $0\frac{1}{4}$	S. E.	S. E.	couvert tout le jour.
13	— 0	11	28. 2	28. 2	S.	S. O.	beau temps.
14	1	12	28. 2	28. 1	S. O.	S.	à midi vent très-fort, il a ceſſé vers les 6 heures, dès les 4 heures le temps s'étoit couvert.
15	5	11	27. 11	27. $10\frac{3}{4}$	S.	S.	couvert toute la journée.
16	5	6	27. $10\frac{3}{4}$	27. $11\frac{1}{4}$	S.	N. O.	couvert, pluie douce l'après-midi.
17	— 0	4	28. 3	28. $2\frac{1}{2}$	N. O.	N.	gros v. tout le jour, il a ceſſé à 7^{h} du ſ.
18	— 2	8	28. $2\frac{1}{2}$	28. $2\frac{1}{2}$	N. O.	S. O.	à 4^{h} du ſoir le temps s'eſt brouillé.
19	— 0	11	27. 10	27. 10	N. E.	S. E.	nébuleux le matin, beau enſuite.
20	— 0	13	28. 0	27. $11\frac{1}{2}$	N. E.	S.	beau temps.
21	5	14	27. $11\frac{1}{2}$	27. 10	N. O.	S. E.	nébuleux le matin, beau enſuite.
22	5	$9\frac{1}{2}$	27. $10\frac{1}{4}$	28. 0	N.	N.	vent très-viol. il a ceſſé pendant la nuit.
23	1	$11\frac{1}{2}$	28. 0	28. $0\frac{1}{4}$	N. O.	N.	beau le mat. l'après-midi S. O. fort, il a molli au coucher du ſoleil, il a repris enſuite & n'a ceſſé que pend. la nuit.
24	— 0	$8\frac{1}{2}$	28. 3	28. $2\frac{1}{2}$	N. $\frac{1}{4}$ O.	S.	beau temps.
25	— 0	10	28. $2\frac{1}{4}$	28. 1	N.	S. E.	nébul. le matin, beau temps enſuite.
26	— 0	$10\frac{1}{2}$	28. 1	28. $0\frac{1}{2}$	N. $\frac{1}{4}$ E.	N. $\frac{1}{4}$ E.	beau temps.
27	— $0\frac{1}{2}$	12	28. $1\frac{1}{4}$	28. $1\frac{1}{4}$	N. $\frac{1}{4}$ E.	S. $\frac{1}{4}$ E.	
28	1	12	28. $2\frac{1}{2}$	28. $0\frac{1}{2}$	N. E.	S.	
29	2	$14\frac{1}{2}$	28. 0	28. $10\frac{1}{2}$	S.	S.	le temps s'eſt brouillé ſur le ſoir.
30	6	$14\frac{1}{2}$	27. 10	27. 8	S.	S. E.	variable, ciel nébuleux.
31	7	$16\frac{1}{2}$	27. 8	27. 8	S. E.	O.	variable, à 3^{h} après-midi, tonnerre & quelques gouttes de pluie.

AVRIL 1758.

Jours du Mois.	Thermom. Matin.	Thermom. Soir.	Baromètre. Matin.	Baromètre. Soir.	Vent. Matin.	Vent. Soir.	État du ciel.
	degrés.	degrés.	pouces. lignes.	pouces. lignes.			
1	7	$14\frac{1}{2}$	27. 8	27. $7\frac{1}{2}$	E.	N. E.	variable, ciel couvert tout le jour.
2	8	$19\frac{1}{2}$	27. $7\frac{1}{2}$	27. 7	S. E.	S.	ciel nébuleux tout le jour.
3	$9\frac{1}{2}$	16	27. 8	28. 0	S.	N.	à 6^h du ſ. v. N. très-viol. & toute la nuit.
4	$2\frac{1}{2}$	$7\frac{1}{2}$	28. 2	28. $1\frac{3}{4}$	N.	N.	le vent a ceſſé vers les 4 heures du mat. il a repris à 9, & a duré juſqu'au coucher du Soleil.
5	1	12	28. $0\frac{1}{4}$	27. $8\frac{1}{2}$	S. O.	S.	vent S-O. très-fort le mat. juſq. 2^h du ſ.
6	2	$14\frac{1}{2}$	27. $7\frac{1}{2}$	27. 7	N. E.	E.	nébuleux tout le jour.
7	7	$14\frac{1}{2}$	27. 8	27. 10	E.	S.	couvert une partie de la journée.
8	6	13	27. $10\frac{1}{2}$	27. $9\frac{1}{2}$	S.	S.	couvert tout le jour.
9	$5\frac{1}{4}$	8	27. 9	27. $9\frac{1}{4}$	E.	N. E.	pluie douce une grande partie du jour.
10	2	$12\frac{1}{2}$	27. 11	27. 9	N.	S.	beau temps.
11	5	8	27. 8	27. 9	N. $\frac{1}{4}$ O.	E.	variable, pluie tout le jour.
12	$3\frac{1}{2}$	11	27. 9	27. $8\frac{3}{4}$	N.	N. E.	clair, gr. vent tout le jour juſqu'au ſoir.
13	3	17	27. 9	27. $6\frac{3}{4}$	N.	S.	
14	6	18	27. 7	27. $6\frac{1}{2}$	N.	N. $\frac{1}{4}$ O.	
15	9	19	27. $8\frac{3}{4}$	27. 8	N. E.	S.	nébuleux ſur le ſoir.
16	7	22	27. $7\frac{1}{2}$	27. 8	S.	S.	
17	12	$23\frac{1}{4}$	27. 7	27. 7	S.	S.	
18	13	22	27. 8	27. 9	S.	S.	nébuleux tout le jour.
19	12	$17\frac{1}{2}$	27. $7\frac{3}{4}$	27. $7\frac{1}{4}$	S. E.	S. E.	couvert toute la journée.
20	$9\frac{1}{2}$	18	27. 7	27. 9	N.	E.	variable, ciel clair, vent N-O. très-fort à 10 heures du mat. juſqu'au Soleil couché, à 7 heures il a recommencé.
21	9	17	27. 11	27. 9	N.	S.	gros vent depuis $9^h\frac{1}{2}$ juſqu'au ſoir.
22	7	20	27. 9	27. 9	N.	S.	à 10^h gros vent qui n'a ceſſé que le ſoir.
23	12	12	27. 9	27. 10	N. E.	E.	pluie douce tout le jour.
24	9	14	27. $9\frac{1}{2}$	27. $8\frac{3}{4}$	S. E.	S. E.	pluie douce la matinée, nébul. enſuite.
25	9	12	27. $8\frac{3}{4}$	27. 7	E.S.E.	S. O.	vent var. le mat. couv. toute la journée.
26	9	17	27. $6\frac{1}{2}$	27. $7\frac{1}{2}$	S. O.	N.	couvert le matin, clair le ſoir.
27	10	20	27. 9	27. 9	S. E.	N. O.	nébuleux le matin, clair l'après-midi.
28	10	20	28. 0	28. 0	N. E.	S. E.	nébuleux le matin, clair le ſoir.
29	10	20	28. 1	27. $11\frac{3}{4}$	S. E.	S.	nébuleux toute la journée.
30	13	13	27. $11\frac{3}{4}$	27. $11\frac{3}{4}$	S. O.	N. E.	pluie douce le matin, beau temps ſur les 6^h du ſoir.

MAI 1758.

Jours du Mois.	THERMOM.		BAROMÈTRE.		VENT.		ÉTAT DU CIEL.
	Matin.	Soir.	Matin.	Soir.	Matin.	Soir.	
	degrés.	degrés.	pouces. lignes.	pouces. lignes.			
1	6½	19	27. 11¾	27. 10¾	N.	N.¼E.	beau le mat. v. fort à midi, ceſſé vers 2ʰ.
2	14	20	27. 11	27. 10½	N.	S.	
3	9	20	27. 11	27. 10	N.	S.	vent fort à 2 heures après midi a duré tout le jour, le ciel s'eſt couvert sur le ſoir.
4	12	18	27. 10	27. 7½	S.	N.	nébul. le mat. pluie. & tonn. l'après-m.
5	10	18	27. 7½	27. 6½	N. E.	N.¼O.	couv. le mat. v. fort à midi, duré tout le j.
6	9	19	27. 8	27. 8	S. O.	S. E.	nébuleux tout le jour.
7	8	21	27. 8	27. 8¼	N.	S.	clair le mat. nébul le ſ. gr. vent la nuit.
8	12	17	27. 8¾	27. 8	N.	N.¼O.	le vent a ceſſé à 4 heures du mat. Il a repris à 9ʰ, il a été très-fort juſqu'au ſoir, enf. il a repris avec la même force.
9	12	18	27. 7½	27. 8½	N.	N.¼E.	le vent a ceſſé la nuit, il a repris à 7 heures du matin avec la même force & a ceſſé à 7 heures du ſoir.
10	10½	20	27. 10	27. 8½	N.	S.¼E.	vers midi le vent a repris avec violence juſque vers les 4 heures du ſoir.
11	10	27	27. 10	27. 6	N.¼E.	S.¼O.	à 1ʰ après midi vent très-fort juſq. ſoir.
12	17	25½	27. 6¼	27. 6	S.	O.	le vent a repris pendant la nuit, a ceſſé à 4 heures du matin.
13	15	27	27. 6	27. 6¼	N. E.	S.	ciel nébuleux tout le jour.
14	15	22	27. 8	27. 9	S. E.	N.¼O.	ciel nébuleux toute la journée.
15	10	18	28. 2	28. 0	N.	S.	pend. la nuit v. très-fort juſq. 3ʰ du ſoir.
16	9½	20	28. 0	27. 9½	N.	S.¼E.	néb. vers midi, vent très-fort juſq. ſoir.
17	10	21½	27. 9	27. 7½	S.	S.¼E.	nébul. le mat. pluie pendant ¼ d'heure.
18	12	22	27. 8½	27. 7	E.S.E.	N.¼E.	gouttes de pluie vers les 4ʰ du ſoir.
19	14	26	27. 9½	27. 8	N.¼O.	S.	ciel clair.
20	13½	28	27. 7½	27. 8	S.	S.	
21	14	....	27. 8	......	S.	.....	
22	....	27	......	27. 9	.....	S.	nébuleux sur le ſoir.
23	16	26½	27. 10	27. 8¾	E.¼N.	S.	ciel couvert tout le jour.
24	16	22½	27. 8	27. 6½	S.¼E.	O.	couv. pluie le ſoir pendant demi-heure.
25	14½	19½	27. 7	27. 9	N.	N.	gros vent toute la journée.
26	11	18½	28. 0	27. 10½	N.	N. O.	couvert, gros vent, ceſſé à 9 heures, a repris vers midi & a ceſſé à 3 heures.
27	11	18	27. 10	27. 9¾	N. O.	N. O.	vent vers les 10 heures du matin, très fort juſqu'au ſoir.
28	16	26	27. 10½	27. 8	N. O.	N. O.	vent vers les 9 heures du matin, ceſſé à 3 heures après midi & le ciel s'eſt couvert.
29	15	27	27. 8¼	27. 6	N. O.	N.	clair, vent à 9ʰ du mat. juſq. 3ʰ du ſoir.
30	15	30	27. 6½	27. 6	N. E.	S.	ciel clair.
31	18	27	27. 7¼	27. 9	N. E.	S.	variable, nébuleux sur le ſoir.

JUIN 1758.

Jours du Mois.	THERMOM. Matin.	Soir.	BAROMÈTRE. Matin.		Soir.		VENT. Matin.	Soir.	ÉTAT DU CIEL.
	degrés.	degrés.	pouces.	lignes.	pouces.	lignes.			
1	17	27	27.	$10\frac{1}{2}$	27.	9	S.	S.	vent vers midi, il a duré tout le jour
2	$17\frac{1}{2}$	29	27.	$9\frac{1}{4}$	27.	9	S. E.	S. E.	ciel nébul. depuis midi jusqu'au soir.
3	20	16	27.	9	27.	8	N. O.	N. O.	nébul. le mat. à $2^{h}\frac{1}{2}$, tonnerre & pluie.
4	17	23	27.	9	27.	7	N.	N. O.	vent fort sur les 10^{h} du mat. jus. 5 du s.
5	13	25	27.	7	27.	6	N.	S. E.	en partie couvert pendant la journée, un peu de pluie.
6	15	25	27.	$6\frac{1}{4}$	27.	6	E.	S. O.	clair le matin, couvert l'après-midi.
7	15	$25\frac{1}{2}$	27.	7	27.	7	N. E.	S.	ciel clair.
8	$17\frac{1}{2}$	$22\frac{1}{2}$	27.	7	27.	$7\frac{1}{4}$	E.	S. O.	couv. un peu de pluie vers les 9^{h} du mat.
9	15	20	27.	7	27.	6	N. E.	E.	pluie douce toute la nuit & aujourd'hui toute la matinée, couvert le reste du jour.
10	15	$22\frac{1}{2}$	27.	$5\frac{3}{4}$	27.	5	S. $\frac{1}{4}$ E.	E. $\frac{1}{4}$ N.	plue douce toute la matinée, le temps s'est éclairci vers midi.
11	17	22	27.	$7\frac{3}{4}$	27.	$6\frac{1}{2}$	N. E.	S.	beau temps.
12	16	26	27.	$7\frac{1}{2}$	27.	6	S.	S.	
13	17	$27\frac{1}{2}$	27.	6	27.	$5\frac{1}{2}$	N. E.	N. O.	couvert le matin, nébuleux l'après-midi, vent variable le soir.
14	21	27	27.	$6\frac{1}{2}$	27.	6	N.	N. E.	variable à 6 heures du matin, vent de Nord très-fort, il a cessé au coucher du Soleil.
15	20	27	27.	9	27.	8	N. E.	S.	ciel clair.
16	$18\frac{1}{2}$	$28\frac{1}{2}$	27.	8	27.	$6\frac{1}{2}$	S.	S.	à 10^{h} du mat. v. très-fort, a duré tout le j.
17	18	29	27.	$6\frac{1}{2}$	27.	$6\frac{1}{4}$	N. E.	S. E.	vent fort depuis 9^{h} du mat. jusq. 4 du s.
18	18	27	27.	8	27.	$7\frac{1}{2}$	N. E.	S. E.	ciel clair, vent fort depuis midi jus. 3^{h}.
19	17	27	27.	$8\frac{1}{2}$	27.	8	N. E.	S. O.	variab. un peu de pluie vers 9^{h} du mat.
20	$22\frac{1}{2}$	26	27.	8	27.	$7\frac{1}{2}$	S.	S.	ciel couvert.
21	17	23	27.	6	27.	6	S.	S. E.	couv. un peu de pluie vers les 4^{h} du s.
22	$17\frac{1}{2}$	23	27.	$6\frac{1}{4}$	27.	6	S. O.	S. O.	nébul. à 4^{h} du soir, pluie & tonnerre.
23	$17\frac{1}{2}$	$27\frac{1}{2}$	27.	$7\frac{1}{2}$	27.	$7\frac{1}{2}$	S. E.	S.	variable, clair le matin, nébuleux le soir, tonnerre & pluie sur le soir.
24	$17\frac{1}{2}$	25	27.	$7\frac{1}{4}$	27.	$6\frac{1}{2}$	S. E.	S. E.	couv. le mat. nébul. le soir avec tonn.
25	$15\frac{1}{2}$	26	27.	$7\frac{1}{2}$	27.	7	N. E.	S. O.	variable, pluie la nuit dernière, clair le matin, couvert depuis 2 heures jusqu'au soir.
26	16	27	27.	7	27.	6	N. O.	S. O.	variable, temps clair.
27	$17\frac{1}{2}$	29	27.	7	27.	6	N. E.	S.	ciel clair.
28	19	29	27.	6	27.	6	S. $\frac{1}{4}$ O.	S. $\frac{1}{4}$ E.	clair, à 2^{h} après midi gros vent jusq. 6^{h}.
29	19	27	27.	7	27.	7	E.	S. E.	ciel couvert.
30	18	30	27.	$7\frac{3}{4}$	27.	$6\frac{1}{4}$	S. E.	S. $\frac{1}{4}$ E.	ciel couvert.

JUILLET 1758.

Jours du Mois.	THERMOM. Matin.	Soir.	BAROMÈTRE. Matin.	Soir.	VENT. Matin.	Soir.	ÉTAT DU CIEL.
	degrés.	degrés.	pouces. lignes.	pouces. lignes.			
1	18	19	27. 7½	27. 7¼	S. E.	S. ¼ E.	pluie douce depuis 8 h du mat. juſq. ſoir.
2	16½	22	27. 7	27. 7	S.	S.	pluie une partie de la nuit, le ciel couvert depuis les 2 heures juſqu'à 9.
9	17	28	27. 5½	27. 4½	N. E.	S.	beau temps.
10	19	26½	27. 5½	27. 6½	S.	N. E.	ciel nébuleux, tonnerre & pluie depuis 6 heures du ſoir juſqu'à 8.
11	16	22½	27. 7	27. 7½	N. E.	S. E.	pluie une partie de la nuit, couvert pendant la journée.
12	17	17	27. 8½	27. 8½	N. E.	N. E.	couvert à 9h du mat. pluie juſqu'au ſoir.
13	16½	16½	27. 9	27. 9½	N. E.	N. E.	pluie pendant la nuit, a recommencé vers les 9 heures du matin & a duré tout le jour.
14	15½	22	27. 10	27. 10	N. E.	N. E.	couvert le matin juſqu'à 11 heures, clair enſuite, pluie à l'entrée de la nuit.
15	17	24½	27. 10	27. 8¾	N. E.	S.	nébul. le matin, clair le reſte du jour.
16	17	26½	27. 8¾	27. 6½	E.	S.	nébul. le matin, clair le reſte du jour.
17	18	27½	27. 6½	27. 6¾	N. E.	N. E.	clair le matin, nébul. le reſte du jour.
18	20	26	27. 6½	27. 6½	N. E.	N. E.	pluie toute la matinée, nébul. le ſoir.
19	20	21½	27. 5½	27. 5½	N. E.	N. E.	pluie tout le jour.
20	18	22	27. 4½	27. 4½	N. E.	N. ¼ E.	pluie toute la nuit & aujourd'hui juſqu'à midi, clair depuis les 2 heures.
21	18	25	27. 5½	27. 4½	S.	S.	variable, beau le matin, le ſoir nébul.
22	18	26	27. 5	27. 4½	S. E.	S. O.	nébuleux tout le jour.
23	19½	29	27. 5	27. 5	S. O.	S.	beau le matin, nébul. le reſte du jour.
24	19½	25	27. 4¾	27. 4	N. E.	S. O.	pluie le matin; nébul. le reſte du jour.
25	20	29	27. 4½	27. 4½	N. O.	S.	clair le matin, nébuleux ſur le ſoir.
26	21	24	27. 7	27. 8¼	N. E.	S.	nébuleux tout le jour.
27	18	25	27. 9¼	27. 9	S.	S.	nébuleux tout le jour.
28	16	24	27. 8¼	27. 8	S. ¼ O.	S.	clair le matin, nébul. le reſte du jour.
29	18	23½	27. 7¾	27. 7	S.	S.	couvert le matin, pluie ſur le ſoir.
30	18	23	27. 6	27. 6¼	N. E.	N. E.	pluie toute la nuit derniere & aujourd'hui le matin, clair ſur le ſoir.
31	16	25	27. 7½	27. 6½	E.	S.	vent Eſt variable, ciel clair.

AOUST 1758.

Jours du Mois.	Thermom. Matin.	Thermom. Soir.	Baromètre. Matin.	Baromètre. Soir.	Vent. Matin.	Vent. Soir.	État du Ciel.
	degrés.	degrés.	pouces. lignes.	pouces. lignes.			
1	17	25	27. 7	27. 6	S.	S.	clair le matin, couvert le soir.
2	17½	23	27. 7¾	27. 7½	S.	N. E.	pluie douce le mat. quel. gouttes l'ap. m.
3	18	....	27. 7½	......	N.	O.	ciel clair.
4	....	27	......	27. 7¼	O.	S.	ciel clair.
5	20	27	27. 8	27. 7¼	S. ¼ E.	S. E.	clair le matin, nébul. le reste du jour.
6	19	22	27. 6¾	27. 6	S. E.	N. E.	pluie pendant la nuit, couvert le matin, grosse pluie par interv. depuis 9 heures du matin jusqu'à 3.
7	19	27	27. 7¼	27. 6¾	S. E.	S.	ciel couvert.
8	19	27	27. 8¾	27. 8	S. E.	S.	variable, ciel couvert.
9	19	27	27. 7	27. 7½	N. E.	S. E.	ciel couvert.
10	21	26½	27. 6	27. 6	S.	S.	pluie pendant la nuit, pluie par intervalles pendant la matinée, couvert le reste du jour.
11	19	25	27. 6	27. 5¾	S.	N.	vent fort, couv. le mat. clair le reste du j.
12	17	23½	27. 7	27. 7¾	N. ¼ O.	N. O.	ciel clair.
13	14½	25	27. 9	27. 8¾	O.	O.	le temps s'est couvert le soir.
14	17	25	27. 9	27. 9	N. E.	S. ¼ E.	nébul. presq. tout le jour, clair le soir.
15	17	26½	27. 9	27. 8¾	N.	N. O.	ciel clair.
16	17½	26	27. 8	27. 8½	N.	S.	
17	18	26½	27. 8	27. 8½	S.	S.	
18	18	26	27. 8¾	27. 8½	N.	S.	
19	18	27	27. 8½	27. 8½	S.	S. ¼ E.	ciel couvert.
20	17	27	27. 8¾	27. 8	N. ¼ E.	S.	ciel clair.
21	20	27	27. 8	27. 8	E.	S. E.	nébuleux sur le soir.
22	17	26	27. 7½	27. 7	N. E.	S.	nébuleux tout le jour.
23	17	23	27. 7	27. 8	N. E.	N.	clair le matin, nébuleux depuis midi.
24	13	23½	27. 9	27. 9	N.	N.	ciel clair.
25	13	....	27. 10	27. 10	N.	S. E.	
26	17	....	27. 11	......	N. E.	....	
							J'ai interrompu mes Observations depuis le 26 Août jusqu'au 16 Novembre. (C'est le P. Amiot qui parle.)

NOVEMBRE 1758.

Jours du Mois.	THERMOM.		BAROMÈTRE.		VENT.		ÉTAT DU CIEL.
	Matin.	Soir.	Matin.	Soir.	Matin.	Soir.	
	degrés.	degrés.	pouces. lignes.	pouces. lignes.			
16	— 0	11	28. 1	28. 0 ½	O.	N. ¼ E.	beau temps
17	— 0	5	28. 3	28. 0	S.	S.	beau jusq. midi, nébul. le reste du jour.
18	0 ½	2 ½	28. 0 ½	28. 2 ½	E.	N.	beau jusq. 11ʰ, vent très-f. le reste du j.
19	— 5 ½	— 1	28. 5	28. 4 ¾	N. O.	N. O.	gros vent toute la nuit, il a molli au lever du Soleil, à 8 heures il a recommencé nulli fort, entièrem.ᵗ tombé au couc. du S.
20	— 6	1 ½	28. 5 ½	28. 4 ¼	N. O.	S.	beau temps.
21	— 4 ½	1 ¼	28. 2 ½	28. 1	N.	E. ¼ S.	nébul. le matin, couv. le reste du jour.
22	— 1 ¼	4	28. 0	28. 0	N.	N.	un peu de neige pendant la nuit, couvert tout le jour.
23	2	6	28. 2	28. 4	N. E.	N.	nébuleux tout le jour.
24	— 1 ½	4	28. 5 ½	28. 4 ½	N. E.	E. ¼ N.	
25	— 0 ½	5	28. 4	28. 2 ½	E.	S.	couvert tout le jour.
26	— 0	5	28. 1 ½	28. 1	N.	S.	nébul. le matin, clair le reste du jour.
27	— 2 ¼	4 ½	28. 1	28. 0	N. E.	E. ¼ N.	nébuleux tout le jour.
28	— 2	3	28. 0	27. 10 ¼	N.	N.	gros vent pendant la nuit, il a fini à 3 heures du matin, il a repris vers midi & a cessé vers les 2 heures.
29	— 2 ¼	5	28. 0	27. 11	N. O.	S.	beau temps.
30	— 4 ½	3	28. 0	27. 10 ¼	O. ¼ N.	S.	ciel nébuleux.

DÉCEMBRE 1758.

Jours du Mois.	Thermom. Matin.	Thermom. Soir.	Baromètre. Matin.	Baromètre. Soir.	Vent. Matin.	Vent. Soir.	État du Ciel.
	degrés.	degrés.	pouces. lignes.	pouces. lignes.			
1	— 4	3	27. 11	27. 11	N.	E.	couvert tout le jour.
2	— 1½	— 0½	28. 2½	28. 4½	N.	N.	gros vent la nuit & tout le jour, fini le ſ.
3	— 6	1	28. 4½	28. 3	O.¼N.	S. O.	beau temps.
4	— 6	2	28. 3	28. 1	N.	S.	beau temps.
5	— 6	6	27. 11½	28. 0	N.	S.	
6	— 5	2½	28. 3½	28. 3½	N.	N. O.	
7	— 3½	3	28. 5	28. 4½	N. E.	S. E.	nébuleux une partie de la journée.
8	— 5½	2	28. 3½	28. 1½	O.	S.	nébuleux tout le jour.
9	— 2	3	28. 1	28. 0½	N.	N.¼E.	nébul. le mat. vent dep. midi juſq. 4^{h}
10	— 2½	4	28. 2½	28. 1¾	N. O.	S.	nébuleux ſur le ſoir.
11	— 4	6	28. 1½	28. 1½	E.	S. O.	nébul. le matin, beau le reſte du jour.
12	— 1½	6	28. 1½	28. 1½	N.¼E.	S.	beau temps.
13	— 2½	6	28. 11	28. 1	E.	S.	
14	— 0	2	28. 2½	28. 3¼	N. O.	N.	grand vent toute la journée.
15	— 4½	1	28. 4	28. 3¾	N.¼E.	S. E.	le vent a ceſſé la nuit, il a repris à 10 heures & a ceſſé à 2 heures après midi.
16	— 6½	0½	28. 2	28. 0	N. E.	S.	nébul. le matin, clair le reſte du jour.
17	— 6	3	27. 11	27. 10½	S.¼E.	S.	beau temps.
18	— 3	2	28. 0	27. 11	N. E.	N.¼E.	couvert tout le jour.
19	— 4	2½	27. 11	27. 10	S. O.	E.¼N.	couvert tout le jour.
20	— 5½	— 2	28. 4	28. 5	N.	N.	vent violent toute la nuit & aujourd'hui, il eſt tombé au coucher du Soleil,
21	— 8	— 1½	28. 3	28. 0	S. E.	S.	beau temps.
22	— 6	2	27. 10	27. 11	N.¼O.	E.¼N.	ciel nébuleux.
23	— 2½	4	28. 1	28. 0½	N.¼E.	S.	beau temps.
24	— 3½	2	27. 11	28. 0½	N. E.	S.	ciel nébuleux.
25	— 4	— 3	28. 5	28. 5	N.¼E.	N.	couvert tout le jour, vent fort depuis 10 heures juſqu'au coucher du Soleil.
26	— 9½	— 4	28. 5	28. 4	N.	N. E.	beau temps.
27	— 9½	— 2½	28. 4	28. 3	E.	S.	nébuleux ſur le ſoir.
28	— 7	1	28. 3	28. 3½	S. E.	S. E.	couvert le mat. nébul. le reſte du jour.
29	— 4	— 3	28. 3	28. 1½	N.¼O.	E.	il eſt tombé un peu de neige.
30	— 5½	— 0	28. 3	28. 4½	E.	E.	couvert le matin, clair l'après-midi.
31	— 8½	— 0½	28. 4	28. 1¾	N. E.	S.¼O.	beau temps.

JANVIER 1759.

Jours du Mois.	Thermom. Matin.	Thermom. Soir.	Baromètre. Matin.	Baromètre. Soir.	Vent. Matin.	Vent. Soir.	État du ciel.
	degrés.	degrés.	pouces, lignes.	pouces. lignes.			
1	— 6	— 0	28. 1	28. 0¼	N. E.	S.	nébul. le matin, clair le reste du jour.
2	— 1	0½	28. 1½	28. 2½	N.	N.	vent fort le matin, foible le soir, ciel couvert, clair le soir.
3	— 5	....	28. 2½	......	N. ¼ O.	.....	beau temps.
4	— 5	— 2	28. 3½	28. 3	N.	N.	beau, vent assez fort tout le jour.
5	— 6½	0½	28. 2½	28. 2	S.	S.	beau temps.
6	— 4	1	28. 4½	28. 5½	N.	S.	beau temps.
7	— 8	— 1½	28. 5½	28. 3½	N. E.	S. E.	beau temps.
8	— 6	3	28. 3	28. 3	E.	N. E.	nébuleux le matin, beau le soir.
9	— 6	2	28. 4	28. 2	N.	S.	ciel couvert.
10	— 1	4	28. 1½	28. 1½	N. O.	N. O.	ciel clair.
11	— 5	2	28. 1½	28. 1½	O.	S.	ciel clair.
12	— 6½	2	28. 1	28. 2	N. E.	S.	ciel clair.
13	— 5	2	28. 3	28. 3	N. E.	S.	
14	— 6½	2	28. 3½	28. 4	N. E.	S.	
15	— 5	2	28. 5	28. 4	N. ¼ E.	S.	
16	— 6	2	28. 2½	28. 1	N. E.	S.	
17	— 4	4	28. 1½	28. 3	N. E.	N. E.	
18	— 4	— 1½	28. 4	28. 3	S. E.	S.	nébuleux toute la journée.
19	— 3½	2	28. 3	28. 3	N. ¼ O.	S.	
20	— 5½	2	28. 3	28. 2½	N. E.	S.	
21	— 6	2	28. 2½	28. 1	N. E.	N. E.	nébuleux sur le soir.
22	— 4½	3	28. 0	27. 11	E.	S.	ciel clair.
23	— 5½	— 4	28. 2½	28. 2¾	N. ¼ O.	N.	grand vent toute la nuit & aujourd'hui.
24	— 10	— 3	28. 3	28. 2	S. ¼ E.	E.	beau, le vent a cessé pendant la nuit.
25	— 10	— 2½	28. 5¾	28. 6	N. E.	S.	beau temps.
26	— 8½	— 1½	28. 5¾	28. 4½	N. E.	S.	nébuleux tout le jour.
27	— 4	— 0	28. 4	28. 4	N. E.	S.	couvert tout le jour.
28	— 3½	1	28. 4½	28. 4	N. E.	S. E.	ciel couvert.
29	— 6	1	28. 4	28. 3	S. E.	N. E.	ciel clair.
30	— 6	1½	28. 3½	28. 2½	N. O.	S. ¼ E.	
31	— 6½	1	28. 2	28. 1	N. E.	E. ¼ N.	ciel nébuleux toute la journée.

FÉVRIER 1759.

Jours du Mois.	Thermom. Matin.	Thermom. Soir.	Baromètre Matin. pouces.	lignes.	Baromètre Soir. pouces.	lignes.	Vent Matin.	Vent Soir.	État du ciel.
	degrés.	degrés.	pouces.	lignes.	pouces.	lignes.			
1	$-5\frac{1}{2}$	$1\frac{1}{2}$	28.	0	27.	$11\frac{1}{4}$	E.	S.	nébuleux tout le jour.
2	-4	$-0\frac{1}{2}$	27.	11	28.	1	E.	N. O.	nébuleux & vent fort toute la journée.
3	$-9\frac{1}{4}$	$-3\frac{1}{2}$	28.	$2\frac{3}{4}$	28.	$2\frac{3}{4}$	N.	N. O.	le vent a cessé pendant la nuit, il a repris vers les 11 heures & demie & a cessé à 4 heures du soir.
4	-10	-2	28.	3	28.	1	N. E.	S.	ciel clair.
5	$-9\frac{1}{4}$	$2\frac{1}{2}$	28.	1	28.	$1\frac{1}{2}$	N. E.	N. E.	ciel clair.
6	$-5\frac{1}{2}$	1	28.	3	28.	3	E.	S. $\frac{1}{4}$ E.	couvert jusqu'à midi.
7	$-5\frac{1}{4}$	$-0\frac{1}{2}$	28.	$2\frac{1}{4}$	28.	$0\frac{1}{2}$	N. E.	N. O.	couvert jusqu'à 3^h après midi.
8	-6	2	28.	$2\frac{3}{4}$	28.	$2\frac{3}{4}$	N. E.	N. $\frac{1}{4}$ E.	couvert le matin, clair ensuite.
9	-4	-2	28.	4	28.	4	S.	S.	couvert le matin, neige depuis midi jusqu'au soir à petits flocons, une ligne en tout.
10	$-6\frac{1}{2}$	-2	28.	$4\frac{1}{2}$	28.	$3\frac{3}{4}$	S. $\frac{1}{4}$ O.	S.	neige pend. la nuit, beau t. tout le jour.
11	$-8\frac{1}{2}$	....	28,	4	......		N. $\frac{1}{4}$ E.	.....	beau temps.
15	-5	-1	28.	3	28.	$2\frac{3}{4}$	E.	S.	neige pendant la nuit & aujourd'hui pendant la matinée, en tout environ 2 pouces.
16	$-8\frac{1}{2}$	-1	28.	3	28.	3	N. E.	S.	temps clair.
17	-8	1	28.	4	28.	$3\frac{1}{2}$	N. E.	E.	
18	-8	$0\frac{1}{2}$	28.	$4\frac{1}{4}$	28.	$2\frac{1}{2}$	E. $\frac{1}{4}$ N.	E.	couvert toute la journée.
19	$-3\frac{1}{2}$	3	28.	$1\frac{1}{2}$	28.	1	N. $\frac{1}{4}$ O.	E. $\frac{1}{4}$ N.	clair le matin, couvert le reste du jour.
20	$-1\frac{1}{2}$	$3\frac{1}{2}$	28.	0	28.	$1\frac{1}{4}$	N. E.	N. $\frac{1}{4}$ E.	neige pendant la nuit un pouce, couvert le matin; clair depuis midi jusqu'à 3 heures, couvert ensuite.
21	-2	3	28.	3	28.	$3\frac{1}{2}$	N. E.	S. $\frac{1}{4}$ O.	couvert tout le jour.
22	$-2\frac{1}{2}$	6	28.	$3\frac{1}{4}$	28.	$2\frac{1}{3}$	S. $\frac{1}{4}$ O.	N. O.	ciel clair.
23	-3	$3\frac{1}{4}$	28.	$4\frac{1}{4}$	28.	$4\frac{1}{4}$	O.	S.	
24	$-4\frac{1}{2}$	5	28.	$4\frac{3}{4}$	28.	$4\frac{3}{4}$	N. E.	S.	
25	-5	7	28.	5	28.	$4\frac{1}{2}$	N. $\frac{1}{4}$ E.	S.	
26	-3	6	28.	$4\frac{3}{4}$	28.	$4\frac{1}{2}$	N. $\frac{1}{4}$ E.	S.	nébuleux le soir.
27	-3	$6\frac{1}{2}$	28.	$4\frac{1}{4}$	28.	3	S. $\frac{1}{4}$ E.	S.	temps clair.
28	-1	9	28.	$3\frac{1}{4}$	28.	3	S. $\frac{1}{4}$ E.	S. $\frac{1}{4}$ E.	

MARS 1759.

Jours du Mois.	Thermom. Matin.	Thermom. Soir.	Baromètre. Matin.	Baromètre. Soir.	Vent. Matin.	Vent. Soir.	État du ciel.
	degrés.	degrés.	pouces. lignes.	pouces. lignes.			
1	— 0	9	28. $3\frac{1}{4}$	28. $1\frac{3}{4}$	N. E.	S.	
2	— 0	8	28. 0	27. $10\frac{3}{4}$	N. E.	S.	nébuleux tout le jour.
3	1	11	27. $10\frac{1}{4}$	27. 10	N. E.	N. E.	nébuleux.
4	$2\frac{3}{4}$	7	27. 10	28. $2\frac{1}{4}$	N. E.	N. $\frac{1}{4}$ E.	couv. le mat. gros vent le reſte du jour.
5	— $3\frac{1}{2}$	3	28. $4\frac{1}{2}$	28. 3	N. E.	S.	beau le matin, couvert l'après-midi.
6	— 1	$2\frac{3}{4}$	28. 3	28. $2\frac{1}{2}$	S.	S.	couvert tout le jour.
7	— $1\frac{1}{2}$	$3\frac{1}{2}$	28. $1\frac{1}{2}$	28. $0\frac{3}{4}$	O.	S.	couvert tout le jour.
8	— 2	— 0	28. 0	27. 11	S.	E. $\frac{1}{4}$ N.	couvert, neige le ſoir.
9	— 1	5	28. 2	28. $1\frac{1}{2}$	N.	O. $\frac{1}{4}$ S.	clair, vent fort le matin, foible le ſoir.
10	— 4	6	28. 1	27. $10\frac{1}{2}$	N. $\frac{1}{4}$ E.	S.	à 11 heures vent de Nord fort, il a fait le tour de la bouſſole, il a ceſſé le ſoir, ciel couvert enſuite.
11	— $1\frac{1}{2}$	10	27. $10\frac{1}{4}$	28. 0	N. E.	N. E.	nébuleux le matin, à 11 heures vent N, O, fort, il a ceſſé vers les 5 heures du ſoir.
12	— 3	8	28. 2	28. 0	N. E.	S.	ciel clair.
13	— 2	11	27. $11\frac{3}{4}$	27. $10\frac{1}{2}$	N. $\frac{1}{4}$ E.	S. E.	
14	— 0	6	27. $11\frac{3}{4}$	27. $11\frac{1}{4}$	E.	S.	couv. vent fort depuis 10h juſq. 5 du ſ.
15	— 3	8	27. $10\frac{3}{4}$	27. 9	E.	S. $\frac{1}{4}$ E.	ciel clair.
16	— 0	5	27. $11\frac{1}{2}$	28. 0	N. O.	S.	neige pendant la nuit un pouce, ciel couvert le matin, clair le reſte du jour.
17	— 2	10	28. 0	27. $11\frac{1}{2}$	S. E.	S.	clair, vers midi grand vent.
18	— 1	11	27. $11\frac{1}{2}$	27. $9\frac{3}{4}$	E.	N. E.	clair le matin, nébuleux le reſte du jour.
19	— 0	$9\frac{1}{2}$	28. 1	28. 1	S.	S.	nébuleux tout le jour.
20	— 0	9	28. 2	28. $1\frac{1}{2}$	E.	S.	clair le matin, nébuleux le ſoir.
21	— 0	$9\frac{1}{2}$	28. $1\frac{3}{4}$	28. 1	O.	S. E.	clair juſ. 10h du m. enſuite pluie douce.
22	— $1\frac{1}{2}$	7	28. 0	27. $11\frac{1}{2}$	N. E.	N. E.	pluie douce toute la nuit, neige le matin, couvert enſuite.
23	$0\frac{1}{4}$	10	28. $0\frac{1}{4}$	27. $11\frac{1}{2}$	N. E.	N. O.	ciel clair.
24	$1\frac{1}{2}$	10	27. $11\frac{1}{2}$	27. $9\frac{1}{4}$	N. E.	S. O.	nébul. le mat. couvert le ſoir avec pluie.
25	2	14	27. $8\frac{3}{4}$	27. 9	S. E.	S. O.	clair, gros vent pendant la nuit.
26	2	7	28. 0	28. $1\frac{1}{2}$	N.	N. O.	clair le matin, couvert le ſoir, petite pluie, neige vers les 9 heures du ſoir.
27	— 5	— 2	28. 3	28. $2\frac{3}{4}$	N. O.	N. O.	clair d'abord v. N. O. très-viol. juſ. 8h ſ.
28	— 5	— 0	28. $1\frac{1}{2}$	28. 2	N.	N.	le vent a ceſſé pendant la nuit, il a repris le matin & a duré tout le jour avec violence.
29	— 3	5	28. $2\frac{1}{2}$	28. $1\frac{1}{4}$	N.	O. $\frac{1}{4}$ S.	le vent a ceſſé pendant la nuit, a repris ce matin avec force juſqu'à 4 heures du ſoir.
30	— 3	7	28. $1\frac{1}{2}$	28. $1\frac{1}{4}$	N. E.	N. E.	clair, vent très-fort l'après-midi.
31	— 0	10	28. 2	28. 0	N. $\frac{1}{4}$ O.	S. $\frac{1}{4}$ O	clair, vent depuis 10h du m. juſ. 5 du ſ.

AVRIL 1759.

Jours du Mois.	Thermom. Matin.	Thermom. Soir.	Baromètre. Matin.	Baromètre. Soir.	Vent. Matin.	Vent. Soir.	État du ciel.
	degrés.	degrés.	pouces. lignes.	pouces. lignes.			
1	1	13	27. 9	27. 6	S.	S.	couvert tout le jour.
2	2 ½	17½	27. 6	27. 6	N.	S.	clair, ciel couvert à 4h du ſoir.
3	10	11	27. 6	27. 8¾	varia.	N. O.	couvert tel qu'on ne l'avoit jamais vu, à 9 heures du mat. il eſt tombé une pluie de pouſſière jaune qui a duré tout le j.
4	5	14	27. 11	27. 9¼	N.	S.	ciel clair.
5	3 ½	14	27. 7½	27. 9	N.	N. E.	clair le mat. néb. enſuite vent très-fort.
6	5	14	27. 11	27. 10	N. E.	S.	ciel nébuleux.
7	2	14	27. 10½	27. 8	E.	N.	clair le matin, nébuleux l'après-midi.
8	8	9	27. 9	27. 10	N. O.	N. O.	gros vent pend. la nuit & aujourd. juſ. ſ.
9	3	13	27. 11	27. 10½	N. O.	S.	le vent a ceſſé pendant la nuit, a repris vers les 8 heures du matin & a ceſſé vers les 4 heures.
10	3	14	27. 11	27. 9	S.	S.	gros vent vers les 2h du ſoir juſ. la nuit.
11	7	14	28. 0	28. 0	N. E.	N.¼O.	gros vent juſqu'à 5h du ſoir.
12	3	16	28. 2	27. 10	N. O.	N. O.	beautemps, à 7h du ſoir grand v. N.O.
13	7	19	27. 10¾	27. 9	N. O.	S.	le v. a ceſſé pend. la nuit, beau tout le j.
14	6	22	27. 9	27. 7½	N.	S.	beau juſq. midi, couv. le reſte du jour.
15	12	23	27. 8½	27. 8¼	N. E.	S.	nébuleux preſque tout le jour.
16	13	19	27. 11	28. 0¼	S.	S.	couvert tout le jour, vent le ſoir.
17	6	19	27. 11	27. 9	S.	S.	gros vent depuis les 2h après midi.
18	9	24	27. 9	27. 7	S. E.	S.	le vent a ceſſé la nuit, ciel couvert le ſ.
19	9	18	27. 7½	27. 7½	E.	S. E.	couvert tout le jour.
20	10	17½	27. 8	27. 9	S. E.	S.¼E.	couvert toute la journée.
21	8	17	27. 9	27. 8¾	O.¼S.	S.¼O.	couvert tout le jour,
22	5	12	28. 1	28. 1	N. O.	E.	pendant la nuit vent N. O. juſqu'à 4 heures que le ciel s'eſt couvert.
23	4	11	28. 2¾	28. 2	N. O.	N. O.	beau, à 8 heures du matin vent N. O. très-fort; il a molli le ſoir.
24	3	16	28. 2¾	27. 11¾	N. O.	N.	beau temps toute la journée.
25	7	19	28. 1	27. 10¾	N.¼O.	O.¼S.	beau, vent fort vers les 2h du ſoir,
26	10½	19½	27. 11	27. 10¾	N.¼O.	S.¼O.	*aujourd'hui la Comète a diſparu.*
27	7	20	27. 11¾	27. 9½	E.	S.	
28	10	19	27. 11	27. 11¾	N.	N. E.	
29	7	23	28. 1	27. 11	N.	S.	
30	13	24	27. 11	27. 9	S.	S.	

MAI 1759.

Jours du Mois.	THERMOM. Matin.	Soir.	BAROMÈTRE. Matin.	Soir.	VENT. Matin.	Soir.	ÉTAT DU CIEL.
	degrés.	degrés.	pouces. lignes.	pouces. lignes.			
1	10	24	27. 9¼	27. 8¾	S. E.	S.	ciel nébuleux tout le jour.
2	11	24	27. 8½	27. 8½	E.	S.	couvert toute la journée.
3	11	24	27. 8½	27. 10	N. ¼ E.	S.	couvert, à 3 heures tourbillon de vent mêlé d'une pouſſière jaune qui a duré 2 heures de temps.
4	11	22	27. 10¾	27. 7	S.	S.	clair le matin, nébuleux l'après-midi.
5	12	20½	27. 9	27. 8	N.	S.	couvert, vent fort tout le jour.
6	12	22	27. 10	27. 9½	S.	S. E.	couvert tout le jour.
7	10	25½	27. 10	27. 8½	E.	N. ¼ O.	nébuleux le matin, clair l'après-midi.
8	12	26½	27. 10	27. 9	E.	S.	ciel clair.
9	17	24½	27. 9	27. 8	S. ¼ E.	S.	couvert le matin, clair le reſte du jour.
10	13	24	27. 8½	27. 7½	S. E.	S. E.	nébul. le matin, clair le reſte du jour.
11	14	24	27. 8	27. 7¾	E.	E.	clair, vent fort l'après-midi, ciel couv.
12	11	21	27. 9½	27. 9½	N. O.	N. O.	vent très-fort pend. la nuit, il a ceſſé le ſ.
13	12	24	27. 11½	27. 11	N. E.	S.	clair le mat. couv. le ſ. le vent variable.
14	12	15	27. 10	27. 10¼	S. E.	N. E.	couvert le matin, vent très-fort à 10 heures a diſſipé les nuages.
15	7	14	27. 10¾	27. 10¼	N. E.	S. E.	clair, *il a paru aujourd'hui une Comète dans le Lion, entre le Cœur & l'Hydre.*
16	11	24	27. 10	27. 8¾	N. O.	S.	clair, vent fort depuis 9^h juſq. 3^h du ſ.
17	12½	27	27. 10¾	27. 7¼	S.	S. E.	clair le mat. nébul. enſuite avec g. vent.
18	15	26	27. 7¾	27. 7	S.	N. E.	nébuleux toute la journée.
19	15	26	27. 8	27. 7	E.	S. ¼ E.	couvert tout le jour.
20	17	25	27. 6	27. 5	S.	N. O.	clair le mat. nébul. enſ. vent fort l'ap.m.
21	9	21	27. 8¼	27. 7	N. E.	N. O.	vent très-fort l'après-midi.
22	9	27½	27. 9	27. 10	N. O.	N. O.	vent très-fort juſqu'au coucher du Sol.
23	10	21	27. 11	27. 9	N. O.	O. ¼ N.	gros vent juſqu'au coucher du Soleil.
24	11	17½	27. 9½	27. 6	O.	O.	beau le matin, grand vent l'après-midi.
25	13½	26	27. 11	27. 9	N. E.	S.	grand vent pendant la nuit, beau le matin, vent depuis midi juſqu'à la nuit.
26	11	27	27. 9	27. 7	N. E.	S.	beau le matin, nébuleux l'après-midi.
27	12	27½	27. 8	27. 7	N.	N. E.	beau juſq. 4^h du ſoir, pluie d'orage à 8.
28	13½	27½	27. 7	27. 6	N.	S.	beau le matin, nébuleux l'après-midi.
29	17½	29	27. 6	27. 5¼	E.	S.	ciel clair.
30	20	29	27. 6	27. 6¾	S.	S. E.	néb. juſq. 4^h, pluie douce dep. 4^h juſ. ſ.
31	19	28	27. 7	27. 7½	N. E.	S.	clair le matin, couvert l'après-midi.

JUIN 1759.

Jours du Mois.	Thermom. Matin.	Soir.	Baromètre. Matin.		Soir.		Vent. Matin.	Soir.	État du ciel.
	degrés.	degrés.	pouces.	lignes.	pouces.	lignes.			
1	18	29	27.	8½	27.	7¾	S.	S. ¼ E.	ciel couvert tout le jour.
2	17	26	27.	8	27.	7	S.	S.	couv. il est tombé quelq. gout. de pluie.
3	13½	26	27.	7¼	27.	6	S. E.	S.	clair, vent très-fort le soir.
4	13	30½	27.	6	27.	5	S.	S. E.	clair le matin; nébuleux l'après-midi.
5	19½	30½	27.	5½	27.	5	N. E.	S. E.	nébuleux le soir.
6	19½	30½	27.	6¼	27.	6	S.	S.	ciel clair.
7	20	29	27.	6½	27.	7	E.	S. ¼ E.	clair le mat. néb. & gros v. l'après-midi.
8	19	30	27.	7½	27.	7¼	S. E.	S. E.	clair le matin, nébuleux le soir.
9	18	29	27.	8¾	27.	8¾	S. ¼ E.	S.	ciel clair.
10	19	28	27.	8½	27.	7	S. E.	S. ¼ O.	couvert tout le jour.
11	21½	32	27.	8	27.	7½	S. E.	S. E.	couvert toute la journée.
12	17	26	27.	8¾	27.	7½	N. O.	S. ¼ E.	pluie douce le matin, clair l'après-midi.
13	18	29½	27.	8	27.	7	S. E.	S. E.	clair le mat. pluie & tonn. vers les 5h.
14	16	26	27.	9	27.	8	S. E.	S. ¼ E.	clair tout le jour.
15	16	26	27.	9	27.	8½	S. E.	S. E.	ciel nébuleux.
16	16	26	27.	8	27.	8	S. E.	S. E.	clair le matin, couvert l'après-midi.
17	17	28	27.	8	27.	6¼	S.	S. E.	clair tout le jour.
18	19	32¼	27.	7	27.	6	N. E.	S. ¼ E.	ciel clair.
19	25	23	27.	7	27.	6	N.	S. E.	grand vent & pluie, le soir temps clair.
20	17	28½	27.	6	27.	4	S. E.	S.	clair le matin, couvert & tonn. le soir.
21	17	29¼	27.	4	27.	5	S.	S. E.	couvert vers les 2 heures du soir, grand vent N. O. qui a cessé à 6 heures, ensuite le ciel clair.
22	18	29½	27.	7½	27.	7½	N. E.	S. ¼ E.	ciel clair.
23	21	30	27.	9	27.	8	S.	S. ¼ E.	clair, à 6h du soir couvert.
24	19½	30	27.	9	27.	8½	S.	S. ¼ E.	couvert toute la journée.
25	20	30½	27.	8¾	27.	7¾	S. E.	S. E.	couvert tout le jour.
26	21	30	27.	8¾	27.	8	E. ¼ S.	S. ¼ E.	nébuleux tout le jour.
27	19	28	27.	10	27.	8	E.	N. O.	ciel clair & vent frais tout le jour.
28	20	29	27.	9¼	27.	9	N. ¼ O.	S.	ciel clair.
29	18	31½	27.	9¾	27.	9	N. E.	S.	
30	20	33	27.	9¼	27.	8½	S. E.	S.	vent fort & brûlant.

JUILLET 1759.

Jours du Mois.	Thermom. Matin.	Thermom. Soir.	Baromètre. Matin.		Baromètre. Soir.		Vent. Matin.	Vent. Soir.	État du ciel.
	degrés.	degrés.	pouces.	lignes.	pouces.	lignes.			
1	$21\frac{1}{2}$	23	27.	9	27.	9	S. $\frac{1}{4}$ O.	S.	vers $8^{h}\frac{1}{2}$ du f. il a paru un arc de lumière.
2	22	29	27.	$8\frac{1}{2}$	27.	8	S. E.	S.	nébuleux tout le jour.
3	21	24	27.	$8\frac{1}{2}$	27.	$8\frac{1}{4}$	S.	S. E.	couvert, pluie pend. une demi-heure.
4	18	26	27.	$8\frac{1}{4}$	27.	$8\frac{3}{4}$	N. O.	S. $\frac{1}{4}$ E.	clair le matin, nébuleux l'après-midi.
5	17	26	27.	9	27.	$8\frac{3}{4}$	S. E.	S. E.	nébuleux tout le jour.
6	18	17	27.	$7\frac{1}{2}$	27.	7	N. E.	N. E.	pluie douce tout le jour.
7	15	19	27.	$7\frac{1}{2}$	27.	$7\frac{1}{2}$	N. E.	N. $\frac{1}{4}$ O.	pluie douce tout le jour.
8	15	25	27.	$7\frac{3}{4}$	27.	7	S.	S. $\frac{1}{4}$ E.	clair toute la journée.
9	19	27	27.	$7\frac{1}{2}$	27.	$6\frac{3}{4}$	S.	S. E.	couvert tout le jour.
10	19	24	27.	7	27.	$6\frac{3}{4}$	S. E.	S. E.	pluie la matinée, temps clair le foir.
11	18	24	27.	7	27.	$6\frac{3}{4}$	S.	S. E.	temps couvert.
12	19	24	27.	$7\frac{3}{4}$	27.	7	S.	S. E.	pluie toute la matinée.
13	19	28	27.	$7\frac{3}{4}$	27.	7	S. $\frac{1}{4}$ E.	S. $\frac{1}{4}$ E.	temps couvert.
14	20	29	27.	7	27.	$6\frac{1}{2}$	S. $\frac{1}{4}$ E.	S. $\frac{1}{4}$ E.	temps couvert.
15	20	31	27.	7	27.	$6\frac{1}{2}$	S. $\frac{1}{4}$ E.	S. $\frac{1}{4}$ E.	à 3 heures le ciel s'eft obfcurci tout-à-coup, il eft tombé enf. une pouffière jaune, enfuite groffe pluie qui a tout abattu.
16	17	27	27.	$6\frac{3}{4}$	27.	7	N. E.	S. E.	couv. le mat. peu de pluie, à 9^{h} ciel clair.
17	17	27	27.	7		[illegible]	S.	S. $\frac{1}{4}$ E.	couv. le matin, pluie à 7^{h}, clair à 9.
18	20	28	27.	7	27.	$6\frac{1}{2}$	S. E.	S. E.	couv. à 4^{h} du f. pluie d'orage & tonn.
19	18	22	27.	$7\frac{1}{4}$	27.	7	S. E.	N.	couvert, pluie fur les 5^{h} du foir.
20	18	23	27.	7	27.	$6\frac{3}{4}$	N. E.	S. E.	couvert, pluie vers les 3^{h} après-midi.
21	$17\frac{1}{2}$	21	27.	$6\frac{3}{4}$	27.	$6\frac{3}{4}$	S. E.	S. E.	pl. & tonn. la n. couv. le m. pet. pluie le f.
22	17	25	27.	7	27.	7	S. E.	S. E.	couvert tout le jour.
23	19	26	27.	8	27.	8	S. E.	S.	pluie toute la nuit, couv. tout le jour.
24	19	27	27.	8	27.	$7\frac{3}{4}$	S. E.	S.	ciel couvert.
25	20	25	27.	$8\frac{1}{4}$	27.	8	S.	S.	pluie toute la n. couv. pluie l'après-m.
26	20	26	27.	8	27.	7	S.	S. O.	variable, nébuleux tout le jour.
27	18	25	27.	$7\frac{3}{4}$	27.	7	S. E.	S. O.	clair tout le jour.
28	20	27	27.	6	27.	6	S.	S.	ciel clair.
29	21	28	27.	6	27.	$5\frac{3}{4}$	S.	N.	variable le foir, ciel clair.
30	20	$27\frac{1}{2}$	27.	6	27.	6	N. E.	S. E.	ciel clair.
31	20	$28\frac{1}{2}$	27.	7	27.	7	S.	S.	ciel clair.

AOUST 1759.

Jours du Mois.	THERMOM.		BAROMÈTRE.		VENT.		ÉTAT DU CIEL.
	Matin.	Soir.	Matin.	Soir.	Matin.	Soir.	
	degrés.	degrés.	pouces. lignes.	pouces. lignes.			
1	21	30	27. 8	27. 7	S.	S. E.	ciel clair.
2	21	29	27. 8	27. 8	N.	S.	nébuleux le matin, clair l'après-midi.
3	22	31 ½	27. 8	27. 6¾	N.	S. O.	ciel clair.
4	23	27	27. 8	27. 8	N. E.	N.	nébuleux, à 2 heures vent Nord jusqu'au soir, ensuite quelques gouttes de pluie.
5	20	....	27. 8	......	N.	....	ciel couvert.
10	21	29	27. 9	27. 9	S.	S. E.	nébul. un peu de pluie vers les 7^h soir.
11	22	28	27. 9½	27. 9	N. E.	S.	ciel nébuleux.
12	21	23	27. 9¼	27. 9	N. E.	N. E.	couvert, grosse pluie l'après-midi.
13	21	24	27. 9	27. 8¾	N. E.	S. E.	ciel couvert.
14	20	28	27. 8½	27. 8	S. E.	S. E.	ciel couvert.
15	20	28	27. 7¾	27. 7½	S. E.	S. ¼ O.	couv. grosse pluie dep. 5^h du s. jus. lend.
16	20	22	27. 7½	27. 7½	S. E.	S. E.	pluie tout le jour.
17	18	24	27. 7¾	27. 7¾	E.	S. E.	pluie une grande partie de la journée.
18	20	26	27. 8	27. 8	N. E.	S.	clair le mat. néb. le reste du j. pluie le s.
19	20	26	27. 8	27. 8	S.	S. E.	nébuleux tout le jour.
20	20	28	27. 8	27. 8	S.	S. E.	nébuleux tout le jour.
21	20	....	27. 9	......	N. O.	....	ciel clair.
24	20	27	27. 8	27. 8	N. E.	S.	ciel nébuleux.
25	20	27½	27. 7¾	27. 8	S. ¼ E.	S. E.	ciel nébuleux.
26	21½	27½	27. 8	27. 8	S.	S.	ciel nébuleux.
27	21½	23	27. 8	27. 7	S. ¼ E.	S. E.	petite pluie le matin & sur le soir.
28	20	21	27. 7	27. 7	N. ¼ O.	N.	pluie toute la nuit & tout le jour.
29	16	20	27. 7½	27. 8	N. E.	S.	variable, couvert, pluie par intervalles.
30	17	18	27. 9	27. 9½	N.	S. E.	couvert, pluie par intervalles.
31	16	17	27. 9½	27. 9¼	N.	S. E.	couvert, pluie par intervalles.

SEPTEMBRE 1759.

Jours du Mois.	THERMOM.		BAROMÈTRE.		VENT.		ÉTAT DU CIEL.
	Matin.	Soir.	Matin.	Soir.	Matin.	Soir.	
	degrés.	degrés.	pouces. lignes.	pouces. lignes.			
1	14$\frac{1}{2}$	18	27. 11$\frac{3}{4}$	27. 11$\frac{3}{4}$	S.	N. E.	ciel clair, vent variable le matin.
2	10	20	27. 11$\frac{1}{4}$	27. 10$\frac{1}{2}$	N. E.	S.	clair le matin, nébuleux l'après-midi.
3	14$\frac{1}{2}$	20	27. 9	27. 9	S. O.	S.	ciel couvert.
4	15	22	27. 10	27. 10	N. E.	S.$\frac{1}{4}$E.	clair le mat. nébuleux le reste du jour.
5	14$\frac{1}{2}$	22	27. 10$\frac{1}{2}$	27. 9$\frac{1}{2}$	N. E.	S.	ciel clair.
6	14$\frac{1}{2}$	23	27. 9	27. 8$\frac{3}{4}$	N.$\frac{1}{4}$O.	S.	ciel clair.
7	17$\frac{1}{2}$	23$\frac{1}{2}$	27. 10	27. 10	N. E.	S.$\frac{1}{4}$O.	ciel nébuleux.
8	16$\frac{1}{2}$	24	27. 11	27. 10$\frac{3}{4}$	N. E.	S.	clair le matin, nébuleux le reste du jour.
9	16	25	27. 11	27. 10$\frac{3}{4}$	N. E.	S.	ciel clair.
10	16$\frac{1}{2}$	26	27. 10	27. 9$\frac{3}{4}$	N. E.	S. E.	ciel clair
11	16	23$\frac{1}{2}$	27. 9	27. 8	S. E.	S.	nébuleux tout le jour.
12	16	19	27. 10$\frac{1}{2}$	28. 0	N.$\frac{1}{4}$O.	N.$\frac{1}{4}$O.	clair, vent frais tout le jour.
13	8$\frac{1}{4}$	17$\frac{1}{2}$	28. 2	28. 0	N.	S.	beau temps.
14	8$\frac{1}{2}$	17$\frac{1}{2}$	28. 0	28. 0	S.$\frac{1}{4}$O.	S.	beau temps.
15	13	20$\frac{1}{4}$	27. 11$\frac{3}{4}$	27. 11$\frac{3}{4}$	S.	S. E.	ciel nébuleux.
16	14	21$\frac{1}{2}$	27. 8	27. 11$\frac{3}{4}$	S. E.	S.	ciel nébuleux.
17	15	22$\frac{1}{2}$	27. 10	27. 10	S.	S.	ciel nébuleux.
18	14	22	27. 10	27. 10	O.	N. E.	nébul. le matin, clair le reste du jour.
19	12$\frac{1}{2}$	22	27. 10	27. 9$\frac{1}{2}$	N. E.	S.	ciel clair.
20	15	23	27. 10	27. 9$\frac{3}{4}$	N. E.	S.	couvert presque tout le jour.
21	17	24	27. 10$\frac{3}{4}$	27. 11$\frac{1}{4}$	N. E.	S. E.	ciel couvert.
22	14	19	28. 1$\frac{1}{4}$	28. 1	N.$\frac{1}{4}$E.	E.$\frac{1}{4}$N.	pluie toute la nuit, couv. le m. clair le s.
23	11	17	28. 0	27. 11$\frac{1}{4}$	N. E.	E.$\frac{1}{4}$N.	clair le matin, nébul. le reste du jour.
24	14$\frac{1}{2}$	17	27. 11$\frac{1}{4}$	27. 11$\frac{1}{4}$	N.$\frac{1}{4}$E.	N.$\frac{1}{4}$E.	couvert le matin, gros vent le reste du jour & presque toute la nuit suivante.
25	8$\frac{1}{2}$	15$\frac{1}{2}$	28. 1	28. 0$\frac{1}{4}$	N.$\frac{1}{4}$O.	S.	ciel clair.
26	6$\frac{1}{2}$	16	28. 1	28. 0	N.$\frac{1}{4}$E.	S.	ciel clair.
27	7$\frac{1}{2}$	17	28. 1$\frac{1}{4}$	28. 1	N.	S.	clair le matin, couvert le reste du jour.
28	9	17	28. 1$\frac{3}{4}$	28. 0$\frac{1}{4}$	N.	S.	ciel nébuleux.
29	7$\frac{1}{2}$	17	28. 0	27. 11$\frac{1}{4}$	S.$\frac{1}{4}$E.	S.	ciel clair.
30	8$\frac{1}{2}$	17$\frac{1}{2}$	27. 11$\frac{1}{2}$	27. 11$\frac{1}{2}$	S.	S.	temps clair.

OCTOBRE 1759.

Jours du Mois.	THERMOM. Matin.	THERMOM. Soir.	BAROMÈTRE. Matin.	BAROMÈTRE. Soir.	VENT. Matin.	VENT. Soir.	ÉTAT DU CIEL.
	degrés.	degrés.	pouces. lignes.	pouces. lignes.			
1	10	18½	27. 11½	27. 11	S.	S. O.	ciel clair.
2	11	17	27. 11	27. 10	N. E.	S.	temps couvert.
3	11	19½	27. 9	27. 10	S.	S.	clair le matin, nébuleux sur le soir.
4	10	16	27. 11	27. 11¼	N.¼O.	O.	clair, vent fort jusqu'au couch. du Sol.
5	5½	15½	27. 10¼	27. 9	N.	S. O.	temps clair.
6	6¼	17	27. 10	27. 9	N. E.	S.	temps clair.
7	6½	17	27. 10	27. 10¾	S.	S.	ciel couvert vers les 3 heures.
8	9	17	28. 0	28. 0	S.	S. O.	clair le matin, couvert sur le soir.
9	12	19½	28. 0	27. 11	S. O.	S.¼E.	couvert le matin, clair le reste du jour.
10	14	20	27. 11½	28. 0	N.	S. E.	couvert tout le jour.
11	14½	18½	28. 0	27. 11¾	N. E.	S.	couvert tout le jour.
12	9¼	15	28. 1	28. 2¼	N. O.	N. E.	clair, gros vent N. O. tout le jour, il a tourné au N. E. le soir.
13	5	13	28. 3¼	28. 2	N. O.	S.	clair, ciel couvert à 9h du soir.
14	7½	13	28. 2	28. 2¾	N. E.	S.	couvert le matin, clair l'après-midi.
15	3½	11	28. 4	28. 2½	N.	S.	ciel clair.
16	7	11	28. 0½	28. 0	N.	E.	couvert tout le jour.
17	9	11½	27. 11	27. 10¾	S.	S.	pluie douce la nuit, couv. toute la journ.
18	11¼	13½	27. 9¾	27. 11	S.	N. O.	couv. à 5h du s. vent N.O. fort, ciel clair.
19	3¾	9½	28. 3	28. 3	N. O.	S.	le vent a cessé pendant la nuit, a repris avec force au lever du Soleil & a cessé vers les 5 heures du soir.
20	1¼	10½	28. 2½	28. 0	S. E.	S.	ciel clair.
21	2	14	27. 11	27. 10¾	O.	S.¼O.	ciel clair.
22	5	10	27. 8¾	27. 9	N.¼E.	N. O.	var. ciel couv. à 8h du s. vent N.O. fort.
23	5	12	27. 11	27. 11½	N.	S.	le vent a cessé pendant la nuit, il a repris au lever du Soleil & a cessé à 10 heures du matin.
24	3½	12	28. 0	28. 1¼	N. O.	N.	clair au Sol. levant, v. fort, cessé à 4h s.
25	3	11	28. 2½	28. 0	S.	S.	ciel clair.
26	3	13	28. 0	28. 0	S.	S.	ciel clair.
27	3	13½	28. 0	27. 11¼	N.¼O.	S.	clair, ciel couvert le soir.
28	3	13	27. 11½	27. 11½	S.	S.	clair, ciel couvert le soir.
29	8	14½	27. 11½	27. 9½	S.	N. O.	couvert, à 3 heures vent N. O. violent, il a molli un peu au coucher du Soleil.
30	5	11	28. 1	28. 0½	N. O.	N. O.	pendant la nuit le vent a cessé, il a repris au lever du Soleil & a cessé à son coucher.
31	3	11	28. 1¼	27. 10¾	N.	S.	ciel clair, à 11 heures vent très-fort, il a fait le tour de la boussole, il a cessé au coucher du Soleil.

NOVEMBRE 1759.

Jours du Mois.	THERMOM. Matin.	Soir.	BAROMÈTRE. Matin.	Soir.	VENT. Matin.	Soir.	ÉTAT DU CIEL.
	degrés.	*degrés.*	*pouces. lignes.*	*pouces. lignes.*			
1	$2\frac{3}{4}$	10	27. 10	27. $9\frac{1}{4}$	S.	S.	ciel clair.
2	5	$10\frac{1}{2}$	27. 9	27. 11	N. O.	N. O.	au sol. lev. v. N. O. fort, cessé à son couc.
3	3	7	28. 0	28. $0\frac{1}{2}$	N. O.	N. O.	pend. la nuit vent fort & toute la journ.
4	2	$7\frac{2}{1}$	28. 1	28. 1	N. O.	N. O.	vent toute la nuit & aujourd. jusq. 8 h s.
5	$3\frac{1}{4}$	$9\frac{1}{2}$	28. $1\frac{3}{4}$	28. $1\frac{1}{4}$	N. O.	N. O.	vent fort toute la nuit jusqu'au lever du soleil, il a repris une heure après & n'a cessé que le soir.
6	$3\frac{3}{4}$	11	28. 1	28. 1	N. O.	S.	beau temps.
7	2	10	28. 1	28. 1	S. O.	S.	beau temps.
8	2	10	28. $1\frac{1}{2}$	28. $0\frac{1}{2}$	N.	S.	beau temps.
9	$2\frac{1}{4}$	10	28. 0	28. 0	N. E.	S.	beau temps.
10	2	$9\frac{1}{2}$	28. 0	28. 0	S.	S.	beau le matin, couvert le reste du jour.
11	$1\frac{1}{2}$	10	28. 0	28. 0	N. E.	S.	ciel couvert.
12	$0\frac{1}{2}$	$7\frac{1}{2}$	28. 0	27. $11\frac{1}{2}$	E. $\frac{1}{4}$ N.	S.	beau temps.
13	$1\frac{1}{4}$	$9\frac{1}{2}$	27. $11\frac{1}{2}$	27. $11\frac{3}{4}$	N. $\frac{1}{4}$ E.	S. $\frac{1}{4}$ E.	beau temps.
14	$2\frac{1}{2}$	9	28. 0	28. 0	N. $\frac{1}{4}$ E.	S.	beau temps.
15	3	$4\frac{1}{2}$	28. 0	28. 0	S. E.	N.	pluie douce toute la matinée, couv. le s.
16	$0\frac{1}{2}$	4	28. $1\frac{1}{4}$	28. 3	N. O.	N. O.	vent N. O. très-fort pendant la nuit, tout le jour aussi & n'a molli que vers les 7 heures du soir.
17	— $2\frac{1}{2}$	5	28. $3\frac{3}{4}$	28. 4	N.	N. O.	beau temps; le vent a cessé pend. la nuit.
18	— $0\frac{1}{2}$	4	28. 6	28. 6	N. O.	N. O.	vent N. O. très-fort pendant la nuit, il a duré jusqu'au coucher du soleil.
19	— 3	$4\frac{1}{4}$	28. $4\frac{3}{4}$	28. 2	O.	S.	beau temps.
20	— 1	$6\frac{1}{2}$	27. $10\frac{3}{4}$	27. $9\frac{1}{4}$	S.	O. $\frac{1}{4}$ S.	nébuleux le matin, clair l'après-midi.
21	— $1\frac{1}{2}$	3	28. $1\frac{1}{4}$	28. 2	N. O.	N. O.	vent pend. la nuit & aujourd. jus. 5 h du s.
22	— 4	3	28. 2	28. 1	E.	S. O.	beau temps.
23	— $2\frac{1}{2}$	5	28. 0	28. 0	N. $\frac{1}{4}$ E.	N. $\frac{1}{4}$ E.	ciel nébuleux.
24	— $1\frac{1}{2}$	5	28. $1\frac{1}{4}$	28. $0\frac{3}{4}$	N. $\frac{1}{4}$ E.	S.	ciel nébuleux.
25	— 1	5	28. 3	28. 3	N. E.	S.	beau le matin, nébuleux l'après-midi.
26	— $1\frac{1}{2}$	— 2	28. 3	28. $2\frac{1}{4}$	S.	S.	il est tombé environ 2 lignes de neige.
27	— $4\frac{1}{2}$	2	28. 3	28. 5	S. E.	N. E.	tombé un pouce de neige pendant la nuit, nébuleux toute la journée.
28	— $7\frac{1}{4}$	— 4	28. 6	28. 6	N. E.	N.	ciel nébuleux.
29	— $7\frac{1}{2}$	— $4\frac{1}{2}$	28. 6	28. 6	N. E.	N. E.	nébuleux tout le jour & gros vent.
30	— $9\frac{1}{4}$	— $7\frac{1}{2}$	28. 7	28. $6\frac{1}{2}$	N. O.	N. O.	couvert tout le jour & gros vent.

DÉCEMBRE 1759.

Jours du Mois.	THERMOM. Matin.	THERMOM. Soir.	BAROMÈTRE. Matin.	BAROMÈTRE. Soir.	VENT. Matin.	VENT. Soir.	ÉTAT DU CIEL.
	degrés.	degrés.	pouces. lignes.	pouces. lignes.			
1	— 11	— 6¼	28. 7	28. 5½	N. O.	N. O.	vent toute la nuit & toute la journée.
2	— 7½	— 4½	28. 5¼	28. 3½	N. O.	O.	vent toute la journée.
3	— 6	— 2½	28. 4½	28. 4½	O. ¼ N.	N. O.	beau le m. couv. à midi, v. N. fort l'ap. m.
4	— 7½	— 0½	28. 4½	28. 4	S.	S. O.	ciel clair.
5	— 6	0¾	28. 4½	28. 3¼	S. E.	S.	clair le matin, nébuleux l'après-midi.
6	— 3	1¾	28. 2	28. 0	N.	S.	ciel clair.
7	— 2½	1¼	28. 1½	28. 1	N. ¼ O.	S.	ciel clair.
8	— 6	2	28. 0	28. 1	N.	N. E.	clair le matin, nébuleux l'après-midi.
9	— 5	1½	28. 4	28. 4¼	N. E.	S.	ciel clair.
10	— 6	— 0	28. 6	28. 6	N. E.	S.	clair, couvert le ſoir.
11	— 5½	1	28. 4½	28. 2¾	N. E.	S. O.	ciel clair.
12	— 5¼	5	28. 1¾	28. 1	S.	S.	ciel clair.
13	0½	8¼	28. 1	28. 2	N.	N.	ciel clair.
14	— 1	5¼	28. 3	28. 3	N.	S.	ciel clair.
15	— 2	3½	28. 2¾	28. 2	N. E.	S.	nébuleux le matin, clair l'après-midi.
16	— 2½	2½	28. 1¾	28. 1¼	N. E.	S.	brouill. épais le mat. diſſipé vers les 10^{h}.
17	— 4	4¼	28. 1¾	28. 3	N. E.	N.	brouil. épais le mat. diſſipé vers les 10^{h}.
18	— 2¼	1	28. 4¾	28. 5	N.	N. E.	vent depuis 7^{h} du matin juſqu'au ſoir.
19	— 6¾	— 1	28. 4¾	28. 3	N. E.	S.	beau temps.
20	— 6¾	1	28. 2½	28. 1¾	N.	S.	beau temps.
21	— 5	1	28. 1½	28. 0¾	N. E.	N. E.	beau temps.
22	— 5¾	1¾	27. 11¾	27. 11¾	N. E.	N. E.	beau temps.
23	— 3	1¾	28. 1¾	28. 2	S. O.	S.	clair le mat. couv. l'après-m. clair le ſ.
24	— 4⅓	3½	28. 1¾	28. 1	S. ¼ E.	S.	nébul. le matin, clair l'après-midi.
25	— 4½	2½	28. 0	28. 0¼	N. ¼ O.	N. O.	brouillard épais le matin, couvert l'après-midi, le ſoir le Soleil s'eſt éclairci.
26	— 2½	2¾	28. 4	28. 3	N. E.	S.	ciel clair.
27	— 5½	1¾	28. 2	28. 1	O. ¼ S.	S. O.	ciel clair.
28	— 4½	3	28. 2	28. 1¾	N. E.	N. E.	ciel clair.
29	— 4¼	1	28. 2	28. 1¾	N. E.	E. ¼ S.	nébuleux l'après-midi.
30	— 0¾	3	28. 1	28. 0½	N. E.	N. E.	couvert tout le jour.
31	— 2¼	3	28. 0	28. 0	N. ¼ E.	E. ¼ N.	beau temps le mat. nébul. l'après-midi.

JANVIER 1760.

Jours du Mois.	THERMOM. Matin.	THERMOM. Soir.	BAROMÈTRE. Matin.	BAROMÈTRE. Soir.	VENT. Matin.	VENT. Soir.	ÉTAT DU CIEL.
	degrés.	*degrés.*	*pouces. lignes.*	*pouces. lignes.*			
1	0$\frac{3}{4}$	1$\frac{1}{2}$	28. 1$\frac{1}{4}$	28. 1$\frac{1}{2}$	S. E.	S. $\frac{1}{4}$ E.	neige pend. la n. envir. 3[l] couv. t. le j.
2	— 2	1	28. 3	28. 3$\frac{1}{4}$	N. E.	E. $\frac{1}{4}$N.	couvert toute la journée.
3	— 6$\frac{1}{2}$	— 3	28. 5$\frac{3}{4}$	28. 5	N.$\frac{1}{4}$O.	S.	clair, gros vent depuis le mat. jusq. 3[h]
4	— 8	— 2$\frac{1}{4}$	28. 5	28. 4$\frac{1}{2}$	S.	S.	beau temps, le soir le ciel s'est brouillé.
5	— 5$\frac{1}{2}$	— 1	28. 2	28. 1	S. $\frac{1}{4}$ E.	S.	couvert, ciel clair le soir.
6	— 6$\frac{1}{2}$	— 0$\frac{1}{4}$	27. 11$\frac{3}{4}$	27. 9$\frac{3}{4}$	E.	S.	ciel clair.
7	— 5$\frac{1}{2}$	— 7	28. 1	28. 2	N. O.	N. O.	pendant la nuit vent N. O. violent & tout le jour. (il a paru une Comète se lever près du Baudrier d'Orion).
8	— 8$\frac{1}{2}$	— 4	28. 2$\frac{3}{4}$	28. 4	S. E.	S.	le v.[t] a cessé pend. la nuit, v.[t] l'ap. midi.
9	—10$\frac{1}{4}$	— 3	28. 5	28. 3	S.	S. E.	beau, le temps s'est brouillé l'ap. midi
10	— 8	— 2	28. 2	27. 10$\frac{3}{4}$	N. E.	N. E.	beau temps.
11	1	3	27. 11	28. 4	N.	N. O.	nébuleux, vent chaud le matin, le soir vent N. O. très-violent.
12	— 9$\frac{1}{4}$	— 4$\frac{1}{2}$	28. 6	28. 7	N. O.	N. O.	grand vent toute la journée.
13	—11	— 4	28. 7$\frac{1}{2}$	28. 6	E.	S.	beau temps.
14	— 9$\frac{3}{4}$	— 2$\frac{1}{2}$	28. 5$\frac{1}{4}$	28. 4	N. E.	S. E.	nébuleux tout le jour.
15	— 4$\frac{3}{4}$	— 2	28. 4	28. 4	N. E.	N. E.	couv. le mat. nébul. l'après-m. clair le s.
16	— 7	— 0$\frac{1}{2}$	28. 3	28. 1$\frac{3}{4}$	N. E.	S.	nébuleux tout le jour.
17	— 2	4	28. 2$\frac{3}{4}$	28. 1$\frac{3}{4}$	N.$\frac{1}{4}$O.	E.	vent Est variable; nébul. tout le jour.
18	— 3	— 1	28. 2$\frac{3}{4}$	28. 3$\frac{1}{2}$	N. O.	N.	clair pend. la nuit, v. N. O. fort tout le j.
19	— 6$\frac{3}{4}$	2$\frac{2}{4}$	28. 3	28. 3	S.	N. E.	beau temps.
20	— 6$\frac{3}{4}$	1	28. 4$\frac{1}{2}$	28. 3$\frac{1}{4}$	E.	S.	beau temps.
21	— 5$\frac{1}{4}$	2$\frac{1}{2}$	28. 3	28. 2	N.	S.	nébuleux tout le jour.
22	— 4$\frac{3}{4}$	2$\frac{1}{2}$	28. 0$\frac{3}{4}$	27. 11$\frac{3}{4}$	E.	S.	nébuleux tout le jour.
23	— 4	3	27. 11	27. 11	N. E.	S.	nébuleux tout le jour.
24	0$\frac{1}{2}$	6$\frac{1}{4}$	28. 1	28. 3	N.$\frac{1}{4}$ E.	S.	clair le matin, nébuleux l'après-midi.
25	— 4$\frac{1}{4}$	4	28. 3	28. 2	N.$\frac{1}{4}$E.	S.$\frac{1}{4}$O.	ciel clair.
26	— 3	0$\frac{1}{2}$	28. 2$\frac{1}{2}$	28. 3	N. E.	O.	clair jusqu'à 8[h] du matin, couv. ensuite.
27	— 0$\frac{1}{2}$	0$\frac{1}{2}$	28. 3	28. 3	S.	S.	couvert tout le jour.
28	— 1$\frac{1}{2}$	— 1$\frac{1}{4}$	28. 3	28. 3$\frac{3}{4}$	S.	E.	neige l'après-midi environ 2 pouces.
29	— 5$\frac{1}{2}$	— 4$\frac{1}{2}$	28. 4	28. 3$\frac{3}{4}$	N. E.	S. E.	nébuleux tout le jour.
30	—10	— 5	28. 5$\frac{1}{2}$	28. 6	N. E.	S.	ciel clair.
31	—11$\frac{1}{4}$	— 6	28. 7	28. 6	S.	S.	ciel clair.

FÉVRIER 1760.

Jours du Mois.	THERMOM.		BAROMÈTRE.		VENT.		ÉTAT DU CIEL.
	Matin.	Soir.	Matin.	Soir.	Matin.	Soir.	
	degrés.	degrés.	pouces. lignes.	pouces. lignes.			
1	−12$\frac{1}{4}$	−5$\frac{1}{4}$	28. 7	28. 6	N. E.	S.	ciel serein.
2	−12	−5	28. 6	28. 5	N. E.	S.	ciel clair.
3	−11$\frac{1}{2}$	−3$\frac{1}{2}$	28. 5$\frac{1}{4}$	28. 4$\frac{1}{4}$	N.$\frac{1}{4}$O.	S.	nébuleux le matin, clair l'après-midi.
4	−8	−1$\frac{3}{4}$	28. 4$\frac{3}{4}$	28. 3$\frac{1}{2}$	N.$\frac{1}{4}$E.	S.	clair le matin, nébuleux l'après-midi.
5	−7$\frac{1}{2}$	−1	28. 3	28. 2$\frac{1}{4}$	N.	S.	clair le matin, nébuleux l'après-midi.
6	−4$\frac{3}{4}$	−1$\frac{1}{2}$	28. 2	28. 2	N.	S.	nébuleux presque toute la journée.
7	−6	2	28. 2	28. 1	N.$\frac{1}{4}$E.	S.	ciel clair.
8	−3$\frac{1}{4}$	1	28. 2	28. 2	N. E.	N.	nébul. gros v.t tout le j. il a cessé la nuit.
9	−6$\frac{1}{2}$	−1$\frac{3}{4}$	28. 2$\frac{1}{4}$	28. 1$\frac{1}{4}$	N. E.	N. O.	grand vent tout le jour.
10	−7$\frac{1}{2}$	−1$\frac{3}{4}$	28. 0	28. 0	O.	N.$\frac{1}{4}$E.	le vent a cessé pendant la nuit.
11	−8	−2$\frac{3}{4}$	28. 1	28. 1	N.$\frac{1}{4}$O.	S.	ciel clair, grand vent toute la journée.
12	−7$\frac{1}{2}$	−0$\frac{3}{4}$	28. 1	28. 1$\frac{3}{4}$	N.$\frac{1}{4}$O.	N.$\frac{1}{4}$O.	grand vent l'après-midi.
13	−5$\frac{1}{4}$	1$\frac{1}{2}$	28. 2$\frac{1}{4}$	28. 2$\frac{1}{2}$	E.	S.	ciel serein.
14	−5$\frac{1}{2}$	2$\frac{1}{2}$	28. 2$\frac{1}{2}$	28. 1	N. E.	S.	ciel clair.
15	−1$\frac{1}{2}$	0$\frac{1}{2}$	28. 1	28. 0	N. E.	S.	neige pend. la n. & aujour. environ 5 p.
16	−5	3	28. 2	28. 2$\frac{1}{4}$	N. E.	S.	ciel clair.
17	−4	2$\frac{1}{2}$	28. 2$\frac{1}{2}$	28. 2$\frac{1}{2}$	N. E.	S.	ciel nébuleux.
18	−2$\frac{1}{2}$	2	28. 2$\frac{1}{2}$	27. 11$\frac{3}{4}$	S.	S.	ciel couvert.
19	−2$\frac{1}{2}$	2	28. 2$\frac{1}{2}$	28. 3$\frac{1}{2}$	N. O.	N. O.	grand vent l'après-midi.
20	−5$\frac{3}{4}$	0$\frac{3}{4}$	28. 4$\frac{3}{4}$	28. 4$\frac{3}{4}$	O.	S.$\frac{1}{4}$O.	grand vent pendant la journée. Il a molli au coucher du Soleil & a cessé pendant la nuit.
21	−5	3$\frac{1}{4}$	28. 5	28. 4	O.	S.$\frac{1}{4}$O.	beau temps.
22	−4$\frac{1}{4}$	3$\frac{3}{4}$	28. 4	28. 2$\frac{3}{4}$	N. O.	S.	ciel couvert.
23	−3$\frac{1}{2}$	5	28. 2	28. 1	N.	S.	beau temps.
24	1	5	28. 0	28. 0	N.	N. O.	couvert à 2 heures après midi, ciel clair, ensuite vent N. O. fort jusqu'au coucher du Soleil.
25	−2$\frac{3}{4}$	6$\frac{1}{2}$	28. 0$\frac{1}{4}$	27. 11$\frac{3}{4}$	N.$\frac{1}{4}$E.	S.	beau temps.
26	−2$\frac{3}{4}$	3	27. 11$\frac{3}{4}$	28. 3	N.$\frac{1}{4}$E.	N. O.	ciel couvert, à 4 heures après midi vent N. O. très-violent jusqu'au lendemain.
27	−4$\frac{1}{4}$	2	28. 4$\frac{3}{4}$	28. 3	N. O.	N.	le vent a molli vers les 4 heures du matin, il a repris avec violence à 9 heures jusqu'au coucher du Soleil.
28	−4$\frac{1}{4}$	6	28. 2	28. 0	O.$\frac{1}{4}$S.	O.	beau temps.
29	−1$\frac{1}{2}$	5	28. 0	28. 0	S.	O.$\frac{1}{4}$S.	ciel couvert.

MARS 1760.

Jours du Mois.	THERMOM. Matin.	THERMOM. Soir.	BAROMÈTRE. Matin.	BAROMÈTRE. Soir.	VENT. Matin.	VENT. Soir.	ÉTAT DU CIEL.
	degrés.	*degrés.*	*pouces. lignes*	*pouces. lignes.*			
1	— 2½	3½	28. 0	27. 11½	N.	N.	gros vent dep. 5^h du mat. jusq. 3 du s.
2	— 1	7	27. 11	27. 11¾	N.¼O.	N.¼O.	vent depuis 8^h jusqu'à 3.
3	— 1	6¼	28. 2	28. 3	N. O.	N.¼E.	vent depuis 10^h jusqu'à 4.
4	— 3	7	28. 4½	28. 2½	N.¼O.	S.	beau temps.
5	— 4	6	28. 2½	28. 1¾	N.¼E.	S.	beau temps.
6	— 3¼	5	28. 3	28. 2¾	E.	S.	beau temps.
7	— 2½	7	28. 2½	28. 0½	N. E.	S.	beau temps.
8	— 1	7½	28. 2	28. 1	N.¼E.	S.	beau temps.
9	— 0½	9	28. 1¾	28. 1	N.¼E.	S.	beau temps.
10	0½	9½	28. 0	28. 0	N.¼E.	S.	beau, le soir le ciel s'est couvert.
11	2	4	28. 1½	28. 1¾	S. E.	S. E.	neige toute la matin. elle fond à mesure.
12	— 2	7	28. 2	28. 0	N.¼E.	S.	beau temps.
13	— 0	8½	28. 0¾	28. 0	N.	S.	beau temps.
14	0½	7	28. 0	27. 11½	N. E.	S. E.	ciel couvert.
15	3	11	27. 10¾	27. 11	N.	S.¼O.	beau temps.
16	4	9	28. 0	28. 0	S.	S.	ciel couvert.
17	3	9	27. 11	27. 11	S.	S.	couv. le mat. clair à 11^h nébul. le soir.
18	3	9¼	28. 0	28. 0	N.	N. O.	beau le matin ; à 9 heures vent N. O. très-fort, qui a duré le reste du jour.
19	1½	9	28. 2¾	28. 2¾	O.	N. O.	grand vent à 9^h jusqu'au coucher du S.
20	1	10	28. 0	28. 0	O.	S.	grand vent pendant la journée.
21	3	11½	28. 0	27. 10¾	N. O.	S.	gr. vent à 8^h du matin, a cessé le soir.
22	2¼	14¼	27. 10	27. 9	N. E.	S.	beau temps.
23	6	17½	27. 10	27. 9	N. O.	N. E.	gros vent pend. la nuit, a cessé le mat.
24	4½	14	27. 11	27. 10	E.	S.¼E.	beau le mat. gr. v. à midi jusqu'au soir.
25	2	14	27. 9	27. 7¼	N. O.	S.	beau temps.
26	7	16	27. 7¾	27. 6¾	N.	S.	couvert, il est tombé une pluie d'une poussière jaune sans vent.
27	9¾	15½	27. 9¾	27. 11½	N. E.	S.¼O.	vent toute la journée, l'air rempli de poussière jaune.
28	6	12	28. 0	27. 11	S.	S.	ciel nébuleux.
29	3½	11¾	27. 11	27. 10¾	S.¼E.	N.¼E.	ciel nébuleux.
30	8	14½	27. 9	27. 11	N. O.	N. O.	couvert jusqu'à 9 heures, ensuite vent très fort, qui a duré toute la journée.
31	3½	12½	28. 1	28. 0	N. O.	S.	le vent a cessé pendant la nuit, il a repris à 8^h & a cessé au coucher du Soleil.

AVRIL

AVRIL 1760.

Jours du Mois.	Thermom. Matin.	Thermom. Soir.	Baromètre. Matin.	Baromètre. Soir.	Vent. Matin.	Vent. Soir.	État du ciel.
	degrés.	*degrés.*	*pouces. lignes.*	*pouces. lignes.*			
1	3	12	28. 1	28. 0½	E.	S. ¼ E.	couvert tout le jour.
2	3½	12	28. 0	28. 1¾	S. ¼ E.	S. ¼ E.	pluie toute la nuit dern. & l'après-midi.
3	4¼	10	28. 1½	27. 10¾	N. E.	N.	pluie toute la nuit & aujourd'hui jusqu'à 10 heures, vent de Nord très-fort l'après-midi, temps clair.
4	1	12	27. 10	27. 11	O. ¼ N.	S.	beau temps.
5	4½	12	27. 10	27. 11	N.	S.	beau le mat. vent fort N. O. après midi.
6	4	14½	27. 10	27. 8	N.	S.	beau temps.
7	5	12	27. 10	27. 11	N. E.	S.	couvert le matin, clair l'après-midi.
8	6	11	28. 1	28. 2	S. O.	N.	nébul. tout le jour, gros vent l'après-m.
9	2⅓	16	28. 1	27. 9	N. O.	N.	beau le mat. g. v. ens. jusq. couc. du Sol.
10	9¾	20	27. 8¾	27. 9	N. O.	N. E.	gros vent toute la journée.
13	6½	15	28. 3	28. 1	S. E.	S. E.	beau temps toute la journée.
14	6	17	28. 1	27. 11	E.	S. ¼ E.	couvert le matin, nébuleux le soir.
15	6	19	27. 11	27. 9¾	E.	S. E.	ciel couvert.
16	7½	18½	27. 10	27. 9	S. E.	S. E.	pluie douce sur les 7^h du soir.
17	6½	12	27. 10	28. 2¾	E.	S.	ciel couvert.
18	4	12	28. 2	28. 3	S. E.	E.N.E	ciel couvert.
19	6	13	28. 6	28. 3	N. E.	S.	ciel couvert.
20	6	15½	28. 2	28. 0	S.	S.	ciel couvert.
21	7	16½	28. 1	28. 0	E.	S.	couvert presque tout le jour.
22	8	16	28. 0	27. 11	N. ¼ O.	S.	couvert le mat. nébuleux l'après-midi.
23	8	14	28. 1	27. 9	N. O.	S.	couvert, petite pluie l'après-midi.
24	6½	15	27. 11	27. 11¾	N. O.	S.	variable, ciel clair.
25	7	17½	27. 11¾	27. 10	S.	S.	ciel clair.
26	7½	22½	27. 10	27. 8	O.	O.	vent variable tout le jour, ciel clair.
27	10	19½	27. 10	27. 10½	E.	S.	variable le matin, ciel nébuleux.
28	8	20	27. 11	27. 9	E. ¼ N.	S.	ciel clair.
29	8½	20	27. 9¼	27. 9¼	O.	S.	ciel clair.
30	8	22	27. 9¾	27. 8¼	S.	S.	ciel nébul. gros vent N. O. depuis 8^h jusq. 4^h après midi, l'air plein d'une poussière jaune.

MAI 1760.

Jours du Mois.	THERMOM. Matin.	THERMOM. Soir.	BAROMÈTRE. Matin.	BAROMÈTRE. Soir.	VENT. Matin.	VENT. Soir.	ÉTAT DU CIEL.
	degrés.	degrés.	pouces. lignes.	pouces. lignes.			
1	8	15	27. 7	27. 7½	N.	S.	pluie toute la nuit & aujourd'hui jusqu'à 10 heures du matin, beau le reste du jour.
2	8	18	27. 8	27. 8	N. E.	S.	beau temps.
3	10	22	27. 8¼	27. 6	S.	E.	beau le matin, couvert le soir.
4	8	18	27. 9	27. 8¼	N. E.	N. O.	pluie toute la nuit, & une part. de la mat.
5	8½	18	27. 8¼	27. 6¼	N.¼O.	S.	beau le matin, nébuleux le soir.
6	8	20	27. 6½	27. 6	N. E.	S.	beau le matin, nébuleux le soir.
7	8	20	27. 5¾	27. 5¾	N. E.	S.	beau le matin, nébuleux le soir.
8	8	17	27. 6	27. 6¾	N. E.	E.	ciel en partie couvert.
9	9	19	27. 8	27. 9	N. E.	S. E.	gros vent toute la nuit & aujourd'hui.
10	9	22	27. 9	27. 9	N. E.	S.	beau temps.
11	8	24½	27. 8¾	27. 7	N.	N. O.	beau le matin, nébuleux le soir.
12	10	19	27. 7	27. 6½	N. O.	N. O.	gros vent toute la nuit & aujourd'hui.
13	10	18	27. 8	27. 10	N. O.	E.	gros vent jusqu'au coucher du Soleil.
14	10	24	27. 11	27. 10	N.¼E.	S.¼O.	beau temps.
15	11	27	27. 10	27. 8	S. E.	N. O.	beau jusqu'à 3^h du s. gros vent ensuite.
16	8¾	18	28. 0½	27. 9	N. O.	S. E.	vent viol. la n. & auj. jusq. couc. du Sol.
17	10½	27	27. 10	27. 6	O.	S. O.	vent par intervalles.
18	13	23	27. 9¼	27. 10	N. O.	S.	vent le matin, beau le reste du jour.
19	10¾	25	27. 11	27. 9	N. E.	S.	beau temps.
20	11	26	27. 8½	27. 7	N. E.	S.	beau temps.
21	14	28½	27. 7½	27. 7	E.	S.	ciel nébuleux.
22	14½	....	27. 7¾	......	S. E.		
24	15	27	27. 8	27. 7	S.¼E.	S.	couvert le matin, clair le soir.
25	17	28½	27. 7½	27. 6½	S.	S.	couvert le matin, gros vent l'ap. midi.
26	10	27	27. 8	27. 7½	E.	S. E.	couvert le mat. nébuleux l'après-midi.
27	14	27	27. 8½	27. 8	N. E.	S.	beau, le temps s'est couv. vers les 4^h du s.
28	17	21	27. 7	27. 8½	N.	N.	vent variable, couvert tout le jour, depuis 6 heures du matin jusqu'à 3 du soir, vent Nord fort.
29	15	25	27. 10	27. 7½	O.	N.	beau le mat. vent fort dep. midi jus. soir.
30	15	28	27. 9	27. 8	N. O.	N. E.	beau le matin, vent fort l'après-midi.
31	15	26	27. 9	27. 9	N. E.	S.	beau temps.

JUIN 1760.

Jours du Mois.	Thermom. Matin.	Thermom. Soir.	Baromètre. Matin.		Baromètre. Soir.		Vent. Matin.	Vent. Soir.	État du ciel.
	degrés.	degrés.	pouces.	lignes.	pouces.	lignes.			
1	14	28½	27.	11	27.	9¼	E.	S.	beau temps.
2	19	29	27.	10	27.	8¼	N.¼E.	S. O.	couvert le matin, grand vent l'ap. midi.
3	17	29½	27.	10	27.	9½	N. E.	S.	beau temps.
4	18½	33	27.	10	27.	8	O.¼N.	S.¼O.	beau le mat. v. brûlant dep. midi jusq. s.
5	18	34½	27.	8	27.	7½	S.¼O.	S.¼O.	couv. t. le jour, vent brûlant l'après-m.
6	21	30	27.	7	27.	6	S.¼O.	S.	ciel couvert.
7	17	29	27.	6½	27.	6	S.¼E.	S.	couvert, petite pluie le soir.
8	25	29	27.	6	27.	6	S.	S.	couvert, petite pluie le soir.
9	25	28	27.	7	27.	7	S.	S.	ciel couvert.
10	20	26	27.	7	27.	8½	S.	S.¼O.	couvert, pluie l'après-midi.
11	15	25	27.	7	27.	8	N.	S.	pluie la nuit, clair le mat. couv. le soir.
12	15	23	27.	8	27.	8	S. O.	S.	pluie & tonnerre toute la nuit.
13	16	25	27.	8	27.	8	S.	S.	*Éclipse de Soleil presque totale.*
14	17	25	27.	8	27.	8½	N.	S.	ciel clair.
15	18	25	27.	8	27.	7	S. O.	S.	ciel couvert.
16	18	26	27.	8	27.	8	S.	S.	ciel couvert.
17	18½	29	27.	9	27.	8	S.	S.	ciel couvert.
18	18	28	27.	8	27.	8½	S.	E.	couvert, pluie douce le soir.
19	18	27	27.	8½	27.	8	S.	S. E.	couvert, pluie l'après-midi.
20	16	26	27.	8½	27.	7½	O.	S.	clair le matin, couvert le reste du jour.
21	16	26	27.	8	27.	6½	E.	S.	ciel clair.
22	16	29	27.	7	27.	7½	N. E.	S.	ciel clair.
23	18	25	27.	8	27.	8	S.¼E.	S. E.	couvert le matin, pluie l'après-midi.
25	18	25	27.	8½	27.	8	S.	S. O.	ciel couvert ainsi que le jour précédent.
26	17	25	27.	8	27.	9	S.	S. O.	ciel couvert.
27	17	28	27.	7	27.	7	S. O.	O.	couvert, pluie douce vers les 4^h du soir.
28	16½	25½	27.	7½	27.	7½	N.	S.	ciel clair, nébuleux sur le soir.
29	17½	27	27.	8	27.	8	S. E.	S.	ciel clair.
30	17¾	27	27.	8	27.	8	S.¼O.	S.	ciel nébuleux.

JUILLET 1760.

Jours du Mois.	THERMOM. Matin.	THERMOM. Soir.	BAROMÈTRE. Matin.		BAROMÈTRE. Soir.		VENT. Matin.	VENT. Soir.	ÉTAT DU CIEL.
	degrés.	degrés.	pouces.	lignes.	pouces.	lignes.			
1	18	27	27.	7	27.	7	S. E.	S.	couvert presque toute la journée.
2	$17\frac{1}{2}$	27	27.	7	27.	7	S.	S.	couvert tout le jour.
3	17	26	27.	7	27.	7	N. E.	S.	ciel couvert.
4	18	$28\frac{1}{2}$	27.	7	27.	$6\frac{1}{4}$	S.	S. $\frac{1}{4}$ O.	ciel clair.
5	21	27	27.	$6\frac{3}{4}$	27.	$6\frac{1}{2}$	O.	N. E.	couvert, déclinaison de l'Aimant 4 degrés vers l'Ouest, c'est-à-dire 1 degré & demi plus qu'à l'ordinaire.
6	20	29	27.	$6\frac{1}{2}$	27.	$6\frac{1}{2}$	N.	S. O.	couv. pluie depuis 7^h du soir & la nuit.
7	16	24	27.	7	27.	7	S. E.	S.	couvert, pluie vers les 7^h du soir.
8	17	24	27.	$7\frac{1}{2}$	27.	7	S. $\frac{1}{4}$ E.	N. E.	couvert, pluie l'après-midi.
9	$17\frac{1}{2}$	25	27.	$6\frac{1}{4}$	27.	5	S. E.	S.	couvert, le vent variable l'après-midi.
10	18	26	27.	$5\frac{1}{2}$	27.	$5\frac{1}{2}$	S. E.	S.	couv. vent variable pend. la journée.
11	19	$26\frac{1}{2}$	27.	$5\frac{1}{2}$	27.	5	N. E.	S. O.	vent var. pluie le matin, clair le soir.
12	$18\frac{1}{2}$	29	27.	5	27.	5	S.	S. O.	ciel clair, vent variable matin & soir.
13	19	31	27.	5	27.	5	N. $\frac{1}{4}$ E.	S.	le soir le ciel s'est couvert.
14	19	26	27.	8	27.	8	N. $\frac{1}{4}$ E.	S.	pluie depuis 3 heures du matin jusqu'à midi, le ciel s'est éclairci le soir.
15	$17\frac{1}{2}$	26	27.	8	27.	8	S.	S.	clair à 6 heures du matin, déclinaison de l'aimant 2 degrés 1 quart vers l'Ouest, l'après-m. déc. 3 deg. demi Ouest.
16	16	22	27.	$7\frac{1}{4}$	27.	$7\frac{1}{4}$	N.	S. E.	pluie toute la nuit & aujour. m. clair le s.
17	16	25	27.	8	27.	$7\frac{1}{4}$	E. $\frac{1}{4}$ N.	S.	clair le matin, nébuleux l'après-midi.
18	19	22	27.	8	27.	$7\frac{1}{4}$	S.	S. $\frac{1}{4}$ E.	couvert toute la journée.
19	22	26	27.	$7\frac{1}{2}$	27.	$5\frac{1}{4}$	S.	S.	ciel couvert.
20	18	$26\frac{1}{2}$	27.	5	27.	$4\frac{1}{4}$	S. $\frac{1}{4}$ O.	S.	clair le matin, couvert sur le soir.
21	22	26	27.	$4\frac{1}{4}$	27.	3	S.	N.	couv. pluie & tonn. dep. 4^h du s. jus. 6.
22	17	26	27.	5	27.	5	N. $\frac{1}{4}$ O.	S.	clair, nébuleux sur le soir.
23	17	27	27.	$5\frac{1}{4}$	27.	4	N. E.	S. O.	clair, nébuleux sur le soir.
24	17	$27\frac{1}{2}$	27.	7	27.	$7\frac{1}{4}$	S.	S. O.	clair, nébuleux sur le soir.
25	20	$27\frac{1}{2}$	27.	$7\frac{1}{4}$	27.	$7\frac{1}{4}$	E. $\frac{1}{4}$ N.	S.	clair, quelq. gout. de pl. le s. ens. serein.
26	20	28	27.	$7\frac{1}{4}$	27.	$7\frac{1}{4}$	S. E.	S.	ciel couvert.
27	21	25	27.	$7\frac{1}{4}$	27.	$7\frac{1}{4}$	S. $\frac{1}{4}$ E.	S.	ciel couvert.
28	20	27	27.	7	27.	$7\frac{1}{4}$	S. $\frac{1}{4}$ E.	S. O.	ciel couvert.
29	20	$28\frac{1}{2}$	27.	$6\frac{3}{4}$	27.	6	S.	S.	ciel clair.
30	22	22	27.	$6\frac{1}{2}$	27.	$5\frac{3}{4}$	E.	S. O.	pluie l'après-midi.
31	20	26	27.	6	27.	6	O.	S.	clair le mat. nébul. l'après-midi, il est tombé quelq. goutt. de pluie le soir.

AOUST 1760.

Jours du Mois.	Thermom. Matin.	Thermom. Soir.	Baromètre. Matin.		Baromètre. Soir.		Vent. Matin.	Vent. Soir.	État du Ciel.
	degrés.	degrés.	pouces.	lignes.	pouces.	lignes.			
1	18½	28	27.	5¾	27.	5¾	N.	S.	ciel clair.
2	19	29½	27.	6¼	27.	6	E. ¼ N.	S.	ciel clair.
3	20½	22	27.	6	27.	6	O. ¼ S.	S.	couvert, pluie toute l'après-midi.
4	18	26	27.	6	27.	5¾	N.	O. ¼ S.	ciel clair.
5	18½	26	27.	5	27.	6	N. ¼ O.	S. E.	pluie le matin, clair l'après-midi.
6	18	25	27.	7	27.	6	S. E.	S.	ciel nébuleux.
7	18	27	27.	7	27.	6	N. E.	N.	clair le matin, vent orageux le ſoir.
8	18	26	27.	7	27.	6	N. E.	S.	ciel clair.
9	18	26	27.	8½	27.	8	S. ¼ E.	S.	couvert, clair ſur le ſoir.
10	20	26½	27.	9	27.	7½	E. ¼ N.	S.	clair, couvert ſur le ſoir.
11	20½	26	27.	9	27.	8	N. ¼ O.	S.	clair, couvert ſur le ſoir.
12	20	26	27.	7½	27.	6¼	S.	E.	clair le matin, pluie toute l'après-midi.
13	18	26	27.	7	27.	7	S. E.	N. ¼ O.	nébuleux tout le jour.
14	18	23½	27.	6	27.	6½	N. O.	N. ¼ O.	clair, gros vent preſque tout le jour.
15	16	25	27.	7	27.	6¼	S.	S.	clair le matin, nébuleux l'après-midi.
16	17	25	27.	7½	27.	7	O. ¼ N.	S. E.	clair le mat. nébu. dep. midi juſq. 4^h.
17	18	26	27.	7¾	27.	7¾	E. ¼ N.	S.	nébuleux le ma. couvert l'après-midi.
18	18½	26	27.	7¾	27.	7	N. ¼ O.	N.	pluie dep. les 3^h du mat. juſ. lend. 8^h m.
19	16	26	27.	6	27.	6	N.	N.	à 8^h mat. la pluie a ceſſé, couv. pend. la j.
20	18	23½	27.	7¼	27.	7½	N. ¼ E.	N.	nébuleux le matin, clair l'après-midi.
21	18	26	27.	7¼	27.	7¼	E. ¼ N.	S. ¼ E.	ciel nébuleux.
22	18	25	27.	7¼	27.	7	N. ¼ E.	S.	pluie la nuit, nébuleux pendant le jour.
23	19	22½	27.	6	27.	6	E.	S.	groſſe pluie toute la mat. couv. enſuite.
24	18	24	27.	7	27.	7	E.	S.	ciel couvert.
25	20	25	27.	7	27.	7	S.	N.	ciel couvert.
26	16	24	27.	8	27.	7	S.	N. ¼ O.	ciel clair.
27	15	24	27.	7¼	27.	8¼	N. O.	N. E.	vent variable, ciel clair.
28	14½	24	27.	8	27.	7½	N.	S.	ciel clair.
29	15	24	27.	7	27.	6	E. ¼ N.	S.	nébuleux tout le jour.
30	16	24	27.	6	27.	6	S. ¼ E.	S. ¼ O.	couvert tout le jour.
31	18	24	27.	6	27.	6	E.	S.	groſſe pluie & tonn. dep. hier 8 heures du ſoir juſque bien avant dans la nuit, aujourd. le ciel couv. toute la journée.

SEPTEMBRE 1760.

Jours du Mois.	THERMOM. Matin.	THERMOM. Soir.	BAROMÈTRE. Matin.	BAROMÈTRE. Soir.	VENT. Matin.	VENT. Soir.	ÉTAT DU CIEL.
	degrés.	degrés.	pouces. lignes.	pouces. lignes.			
1	15	25	27. 7	27. 7	S. O.	S.	beau temps.
2	14	22	27. 7	27. 7	S. $\frac{1}{4}$ E.	S.	beau temps.
3	15	$23\frac{1}{2}$	27. $7\frac{1}{4}$	27. $7\frac{1}{2}$	N. O.	N. O.	beau temps.
4	$15\frac{1}{2}$	$22\frac{1}{2}$	27. 8	27. 9	N. $\frac{1}{4}$ E.	S.	beau temps.
5	$15\frac{1}{2}$	23	27. $9\frac{1}{4}$	27. 9	N.	N. E.	nébuleux, pluie sur le soir.
6	16	$22\frac{1}{2}$	27. 9	27. $8\frac{1}{4}$	S. E.	S. E.	pluie la nuit, couvert, pluie sur le soir.
7	$12\frac{1}{2}$	22	27. 8	27. 8	S. E.	S. E.	grosse pluie pendant la nuit, nébuleux.
8	12	21	27. 9	27. $8\frac{3}{4}$	N. $\frac{1}{4}$ E.	N. $\frac{1}{4}$ E.	ciel nébuleux.
9	13	21	27. $8\frac{3}{4}$	27. $8\frac{3}{4}$	E. $\frac{1}{4}$ N.	S.	ciel clair.
10	13	23	27. 9	27. $8\frac{3}{4}$	N. E.	S.	ciel clair.
11	$13\frac{1}{2}$	$21\frac{1}{2}$	27. $9\frac{3}{4}$	27. $9\frac{1}{2}$	S. O.	S.	ciel nébuleux.
12	$13\frac{1}{2}$	22	27. 10	27. 10	S.	S.	ciel nébuleux.
13	14	$17\frac{1}{2}$	27. $9\frac{1}{2}$	27. 9	S. $\frac{1}{4}$ E.	N. $\frac{1}{4}$ E.	pluie la nuit & aujourd'hui tout le jour.
14	16	17	27. $8\frac{1}{2}$	27. $8\frac{1}{2}$	N. E.	N. E.	pluie toute la nuit & aujourd'hui.
17	17	22	27. 9	27. $8\frac{1}{2}$	S. $\frac{1}{4}$ E.	S.	pluie la nuit & aujourd'hui le matin, nébuleux le soir, ensuite ciel clair.
18	15	20	27. $9\frac{3}{4}$	27. $10\frac{1}{2}$	N.	N. O.	ciel clair.
19	$12\frac{1}{4}$	21	27. $10\frac{3}{4}$	27. $10\frac{1}{2}$	N. E.	N.	ciel clair.
20	$12\frac{1}{4}$	21	27. 10	27. 10	N.	N.	vent variable, ciel clair.
21	12	21	27. 9	27. 9	N.	S.	vent variable.
22	13	22	27. $9\frac{1}{2}$	27. 9	S.	S.	
23	13	$21\frac{1}{2}$	27. 10	27. 8	S.	S.	vent variable.
24	$12\frac{1}{2}$	22	27. $8\frac{1}{2}$	27. $8\frac{1}{2}$	E. $\frac{1}{4}$ S.	S.	
25	15	20	27. 8	28. 0	S.	N. O.	nébuleux, à midi pluie, ensuite vent N. O. très-violent le reste du jour & une partie de la nuit.
26	7	14	28. 1	27. $11\frac{1}{2}$	N.	S.	beau le matin, nébuleux l'après-midi.
27	$7\frac{1}{4}$	15	27. $10\frac{3}{4}$	27. 8	S.	S.	ciel nébuleux.
28	8	16	27. $7\frac{3}{4}$	27. $6\frac{3}{4}$	N. E.	N. E.	nébuleux, temps clair le soir.
29	11	19	27. 6	27. $5\frac{3}{4}$	N.	N. O.	ciel nébuleux.
30	14	18	27. 8	27. 9	N. O.	N. O.	ciel clair.

OCTOBRE 1760.

Jours du Mois.	THERMOM. Matin.	THERMOM. Soir.	BAROMÈTRE. Matin.	BAROMÈTRE. Soir.	VENT. Matin.	VENT. Soir.	ÉTAT DU CIEL.
	degrés.	degrés.	pouces. lignes.	pouces. lignes.			
1	$10\frac{1}{4}$	$16\frac{1}{4}$	27. 11	27. $11\frac{1}{4}$	N.$\frac{1}{4}$E.	S.	beau temps.
2	$10\frac{3}{4}$	17	27. 11	27. $7\frac{1}{2}$	N.$\frac{1}{4}$E.	S.	ciel nébuleux.
3	12	18	27. $9\frac{1}{2}$	27. $9\frac{1}{4}$	N. E.	N. E.	nébuleux, vent assez fort, variable.
4	10	16	27. 9	27. 10	N. E.	N. O.	pluie la nuit, nébuleux le matin, clair depuis 8 heures jusqu'à 3 heures après midi, ensuite vent N. O. fort.
5	7	12	27. 11	27. $11\frac{3}{4}$	N. O.	N. O.	vent fort tout le jour jus. couch. du Sol.
6	5	$12\frac{3}{4}$	28. 0	28. 0	N.$\frac{1}{4}$E.	S.	nébuleux le mat. couvert l'après-midi.
7	9	$10\frac{1}{4}$	28. 1	28. 1	S.$\frac{1}{4}$E.	S. E.	pluie la nuit & aujourd'hui tout le jour.
8	$9\frac{1}{2}$	12	28. 0	27. 10	S. E.	S.	pluie la nuit, couv. toute le j. pluie le soir.
9	$6\frac{1}{2}$	$14\frac{1}{2}$	27. $9\frac{1}{2}$	27. 10	N. E.	S.	beau temps.
10	7	14	27. $11\frac{3}{4}$	27. 10	N. E.	S.	beau temps.
11	8	15	27. 11	27. 11	N. E.	S.	beau temps.
12	$9\frac{1}{4}$	$15\frac{1}{2}$	27. $11\frac{1}{2}$	28. 0	N. E.	S.	beau temps une partie de la journée.
13	10	14	28. $1\frac{1}{4}$	28. $0\frac{1}{4}$	N. E.	S.	couvert pluie vers les 4^h du soir.
14	9	$12\frac{1}{2}$	27. $10\frac{1}{2}$	27. 10	N. O.	N. E.	ciel couvert.
15	$7\frac{1}{2}$	13	27. $9\frac{1}{4}$	27. 11	N. O.	N. O.	couv. en partie avec du vent assez fort.
16	$6\frac{1}{2}$	14	28. 0	28. 0	N. O.	S.	beau temps.
17	6	$13\frac{1}{2}$	28. 0	28. 0	N. O.	S.	vent variable, beau temps.
18	6	$13\frac{1}{2}$	28. $0\frac{1}{4}$	28. 0	N. E.	N. O.	vent var. beau le matin, nébul. le soir.
19	9	12	27. $11\frac{3}{4}$	27. 11	N.	N. O.	pluie toute la n. & auj. pres. toute la j.
20	$8\frac{1}{2}$	$11\frac{1}{2}$	27. 10	27. 10	N. O.	N. O.	couv. & gros vent dep. 9^h du mat. jus. s.
21	$8\frac{3}{4}$	$14\frac{1}{2}$	27. $10\frac{3}{4}$	28. 0	N. O.	N. O.	ciel clair.
22	$7\frac{1}{2}$	$14\frac{1}{2}$	28. 0	28. 0	N. O.	S.	beau temps.
23	7	14	27. $11\frac{1}{2}$	27. 11	N.	S.	beau temps.
24	7	15	27. $9\frac{1}{4}$	27. $9\frac{1}{2}$	N. E.	S.	ciel couvert.
25	7	13	27. 11	27. 11	N. E.	N. O.	couvert, vent fort depuis 9^h jusqu'à 3.
26	4	10	28. 0	27. $11\frac{3}{4}$	N. O.	S.	beau temps.
27	2	10	27. $11\frac{1}{2}$	27. $9\frac{1}{2}$	N.$\frac{1}{4}$E.	N. E.	beau le matin, nébuleux l'après-midi.
28	3	13	27. $9\frac{1}{2}$	27. 9	S.	S.	beau temps.
29	$4\frac{1}{4}$	11	27. $9\frac{1}{2}$	27. $8\frac{1}{2}$	O.	N. E.	vent variable, beau temps.
30	7	$12\frac{1}{2}$	27. 9	27. 11	N. E.	N.$\frac{1}{4}$E.	couvert le mat. nébuleux l'après-midi.
31	$9\frac{3}{4}$	12	27. $11\frac{1}{2}$	28. 0	E.	N. E.	couvert tout le jour, vent depuis 3^h jusq. soir, pluie à l'entrée de la nuit.

NOVEMBRE 1760.

Jours du Mois.	THERMOM. Matin.	Soir.	BAROMÈTRE. Matin.	Soir.	VENT. Matin.	Soir.	ÉTAT DU CIEL.
	degrés.	degrés.	pouces. lignes.	pouces. lignes.			
1	$2\frac{1}{4}$	5	27. $11\frac{1}{2}$	28. 0	E.	N. E.	gros vent jusqu'au coucher du Soleil.
2	$0\frac{3}{4}$	5	28. 1	28. 2	N. O.	N. O.	couvert presque tout le jour.
3	$-0\frac{1}{2}$	6	28. 2	28. 1	N. E.	N. O.	beau temps.
4	$-0\frac{1}{2}$	6	28. 0	27. 10	S. $\frac{1}{4}$ O.	S. $\frac{1}{4}$ O.	beau temps.
5	$2\frac{1}{2}$	$8\frac{1}{2}$	27. $9\frac{3}{4}$	27. 9	E. $\frac{1}{4}$ N.	N.	beau temps.
6	-0	8	28. 0	28. 0	N. O.	S.	beau temps.
7	$3\frac{1}{2}$	9	27. $10\frac{1}{4}$	27. $9\frac{1}{2}$	O. $\frac{1}{4}$ N.	S.	beau temps.
8	1	10	27. 11	28. 1	N. O.	N. O.	beau le mat. nébul. & gros v. l'après-m.
9	$1\frac{1}{2}$	$9\frac{1}{2}$	28. $0\frac{1}{2}$	28. 0	S.	S.	beau temps.
10	$1\frac{1}{2}$	$9\frac{1}{2}$	28. 1	27. $11\frac{1}{2}$	N.	S.	beau temps.
11	2	9	27. $11\frac{1}{2}$	27. $11\frac{1}{4}$	N.	S.	couvert le matin, beau l'après-midi.
12	$1\frac{1}{4}$	$8\frac{1}{2}$	27. $11\frac{1}{4}$	27. 11	E. $\frac{1}{4}$ N.	S.	ciel couvert.
13	$1\frac{1}{4}$	$9\frac{1}{2}$	27. $10\frac{1}{4}$	27. 10	S.	S.	beau temps.
14	1	$10\frac{1}{4}$	27. 9	27. $8\frac{3}{4}$	N.	N. $\frac{1}{4}$ E.	beau temps.
15	2	10	27. 9	27. 7	N. E.	S.	beau temps.
16	2	$10\frac{1}{2}$	27. 7	27. 6	E. $\frac{1}{4}$ N.	N. $\frac{1}{4}$ E.	vent variable, beau temps.
17	-0	$3\frac{1}{2}$	28. $0\frac{1}{2}$	28. 1	N. O.	N. O.	vent fort depuis hier à 9 heures du soir jusqu'aujourd'hui à 4 heures du matin, beau toute la journée.
18	$-2\frac{1}{2}$	3	28. 0	27. 11	N. E.	N.	beau temps.
19	$-1\frac{1}{2}$	$5\frac{1}{4}$	27. $9\frac{1}{4}$	27. $8\frac{1}{2}$	N.	S.	beau temps.
20	$-0\frac{1}{2}$	5	27. 6	27. $4\frac{1}{2}$	E.	S.	nébuleux, gros vent le soir.
21	3	$7\frac{1}{2}$	27. $7\frac{1}{4}$	27. 10	O.	S.	gros vent toute la nuit jusqu'aujourd'hui à 3 heures du matin, beau temps ensuite.
22	-0	7	27. 11	27. 11	S.	S.	beau temps.
23	$0\frac{1}{4}$	6	27. 11	27. 11	N. $\frac{1}{4}$ E.	S. $\frac{1}{4}$ O.	beau le matin, couvert l'après-midi.
24	3	7	27. $10\frac{1}{4}$	28. $1\frac{1}{2}$	N. $\frac{1}{4}$ E.	N. O.	couvert, gros vent N. O. depuis les 11^h du matin.
28	$-6\frac{1}{2}$	-5	28. 3	28. 3	N. O.	N. O.	g. v. toute la nuit dern. & auj. toute la j.
29	-5	-0	28. 3	28. $3\frac{1}{2}$	N. O.	N. O.	v. pend. la nuit & auj. jusq. couch. du S.
30	-4	1	28. $1\frac{1}{2}$	28. 0	S. $\frac{1}{4}$ O.	S.	couvert jusqu'à midi, beau temps le reste du jour.

DÉCEMBRE

DÉCEMBRE 1760.

Jours du Mois.	THERMOM. Matin.	THERMOM. Soir.	BAROMÈTRE. Matin.		BAROMÈTRE. Soir.		VENT. Matin.	VENT. Soir.	ÉTAT DU CIEL.
	degrés.	degrés.	pouces.	lignes.	pouces.	lignes.			
1	— 4	1	28.	1¼	28.	1¾	E. ¼ N.	E.	beau temps.
2	— 5	— 0	28.	2	28.	1	E. ¼ N.	S.	beau temps.
3	— 5	4	28.	0	28.	0	N. ¼ E.	S.	beau temps.
4	— 2½	3¾	28.	0	28.	0	N. ¼ E.	N. ¼ E.	beau temps.
5	— 2	4¼	27.	9¾	27.	10¼	N. ¼ E.	E.	beau jusqu'à 10 heures, nébul. depuis 10 heures jusqu'à 3, & depuis 3 heures, beau temps
6	— 0	4	28.	0¼	28.	0	E.	S.	couvert le mat. nébuleux l'après-midi.
7	— 1¼	2	28.	2¼	28.	2¾	N. O.	N. O.	grand vent par intervalles.
8	— 4	1	28.	4	28.	3¼	N. ¼ E.	N.	nébuleux tout le jour.
9	— 3	2½	28.	3½	28.	2	N. ¼ E.	S.	nébuleux toute la journée.
10	— 3¾	5	27.	11¼	27.	9¼	O.	N. O.	couvert le matin, ciel clair à 11 heures, vent fort vers les 3 heures jusqu'au coucher du Soleil.
11	— 0	4	27.	10¼	28.	0½	S.	N. ¼ E.	beau le matin, gros vent l'après-midi.
12	— 3	4	28.	0¼	28.	0	S.	S.	beau temps.
13	— 2½	3	27.	11¾	27.	11½	N.	N.	couv. le mat. clair le soir, vent variab.
14	— 4	2	27.	10¾	27.	10	N. O.	N. ¼ E.	beau temps.
15	— 0½	— 3	28.	2	28.	2¼	N. O.	N. O.	grand vent depuis 8^h du mat. jusq. soir.
16	— 5	1	28.	1¾	28.	1¼	S.	N. E.	grand vent depuis 9^h du mat. jusq. soir.
17	— 6½	2	28.	1¾	28.	1¾	N. E.	S.	beau temps.
18	— 6	0½	28.	2	28.	2¾	N. E.	N. O.	beau le mat. gros vent dep. 11^h jus. soir.
19	— 4	1¼	28.	4	28.	4	N. O.	N. O.	beau temps.
20	— 5	1	28.	4	28.	3	N. O.	S.	beau temps.
21	— 4¼	2¼	28.	3	28.	2½	N. E.	S.	beau temps.
22	— 5	2	28.	0¾	27.	11¾	N. E.	S.	beau temps.
23	— 3	2	27.	11¾	28.	2	N. O.	N. O.	grand vent depuis 7^h du mat. jusq. soir.
24	— 4	1	28.	3½	28.	2¾	N. O.	S.	le vent le même & a cessé à midi.
25	— 6½	1	28.	2¼	28.	1	E. ¼ N.	S.	beau temps.
26	— 1	3½	28.	0	27.	11½	E. ¼ N.	S.	beau temps.
27	— 3¾	4	27.	11	27.	10	N. O.	S.	beau temps.
28	— 4	3	27.	9	27.	8	S.	S.	beau temps.
29	— 1½	2	27.	11	28.	0¾	N. E.	N. O.	vent toute la nuit & aujourd. jusq. soir.
30	— 4	3	28.	1	28.	1	N. ¼ E.	S.	beau temps.
31	— 4½	2½	28.	1	28.	0	N. ¼ E.	S.	beau temps jusqu'à 3^h après-midi, nébuleux le reste du jour.

JANVIER 1761.

Jours du Mois.	THERMOM. Matin.	THERMOM. Soir.	BAROMÈTRE. Matin.	BAROMÈTRE. Soir.	VENT. Matin.	VENT. Soir.	ÉTAT DU CIEL.
	degrés.	degrés.	pouces. lignes.	pouces. lignes.			
1	— 3½	2½	28. 0	28. 0	N. E.	S.	beau le matin, nébuleux l'après-midi.
2	— 2¼	2½	28. 1	28. 1½	S. ¼ E.	S. E.	ciel nébuleux.
3	— 3	3	28. 2	28. 2	N. ¼ E.	E. ¼ N.	beau temps.
4	— 5	0½	28. 2¾	28. 1½	S. E.	S. E.	beau temps.
5	— 5	0½	28. 1½	28. 1½	N. E.	N. E.	beau le matin, nébuleux l'après-midi.
6	— 2	1	28. 2¾	28. 1½	N. O.	E.	vent fort jusqu'à midi, néb. l'après-m.
7	— 5	0½	28. 1	28. 0	N. E.	S.	beau temps.
8	— 5	5	27. 11	28. 0	S. E.	S.	beau temps.
9	— 4	2	28. 1¾	28. 1	S. E.	S.	beau temps.
10	— 4¼	3	28. 1	27. 11¾	N. ¼ O.	S.	beau temps.
11	— 5	2¼	27. 11	27. 10¾	S.	S.	beau temps.
12	— 2	4½	28. 1¼	28. 1½	S. O	E.	beau temps.
13	— 2	3½	27. 11¾	27. 10½	N. ¼ E.	E.	ciel nébuleux.
14	— 2	9	27. 10	28. 0	N. E.	S.	néb. le vent a fait le tour de la boussole.
15	— 0½	4½	28. 1¼	28. 1¼	N. E.	S. ¼ E.	beau temps.
16	— 3½	2½	28. 0	27. 10	S. E.	S.	beau temps.
17	— 0½	6½	28. 0¼	28. 0	O.	S.	beau temps.
18	0½	3½	27. 11	27. 10¼	E.	E.	ciel couvert.
19	— 3½	4	27. 10¾	27. 9	E.	E.	beau temps.
20	— 3	3½	28. 1	28. 1	E.	S.	ciel couvert.
21	— 1½	2	28. 1½	28. 2	S.	N.	couvert, neige l'après-midi.
22	— 3½	1	28. 3	28. 2¾	N. O.	O. ¼ S.	beau temps.
23	— 5	1	28. 1½	28. 1½	O.	S.	beau temps.
24	— 5¾	1½	28. 1½	28. 0¼	E.	S.	beau temps.
25	— 2¼	2	27. 11¾	27. 11¼	N. E.	N. E.	couvert, neige toute l'après-midi.
26	— 2	2¼	28. 0	28. 1¾	N. E.	S.	neige toute la matinée.
27	— 4	2	28. 0¼	28. 0	S.	S.	beau temps.
31	— 3	2½	28. 1¼	28. 0	S.	S. ¼ E.	ciel couvert.

FÉVRIER 1761.

Jours du Mois.	THERMOM.		BAROMÈTRE.		VENT.		ÉTAT DU CIEL.
	Matin.	Soir.	Matin.	Soir.	Matin.	Soir.	
	degrés.	degrés.	pouces. lignes.	pouces. lignes.			
1	— $4\frac{1}{2}$	2	28. 0	28. 1	N.$\frac{1}{4}$E.	E.$\frac{1}{4}$N.	vent depuis midi jusqu'au soir.
2	— $3\frac{1}{2}$	— $1\frac{1}{4}$	28. $1\frac{1}{4}$	28. 2	O.$\frac{1}{4}$N.	N.$\frac{1}{4}$O.	vent assez frais.
3	— $6\frac{1}{4}$	— 0	28. 3	28. 2	N. E.	S.	beau temps.
4	— 7	— $0\frac{1}{2}$	28. 1	27. $11\frac{1}{2}$	S.	E.	beau temps.
5	— 7	1	28. $0\frac{1}{2}$	27. $11\frac{3}{4}$	E.	S.	beau temps.
6	— 3	2	28. .1	28. 0	N. E.	S. E.	couvert tout le jour.
7	— 3	1	28. $0\frac{1}{4}$	28. $1\frac{1}{4}$	N. O.	E.	neige pendant la nuit.
8	— $4\frac{1}{2}$	2	28. $1\frac{1}{2}$	28. 0	N. E.	S. O.	ciel couvert.
9	— 5	2	28. 0	28. $0\frac{1}{4}$	O.$\frac{1}{4}$N.	S.	beau temps.
10	— 6	2	28. $0\frac{1}{2}$	28. 0	E.	S.$\frac{1}{4}$E.	beau temps.
11	— 5	2	28. 0	27. $11\frac{3}{4}$	N.	S.$\frac{1}{4}$O.	beau temps.
12	— 4	$0\frac{1}{2}$	28. 3	28. $3\frac{1}{2}$	S.$\frac{1}{4}$ E.	S.$\frac{1}{4}$ E.	beau temps.
13	— $4\frac{1}{2}$	$0\frac{1}{2}$	28. 3	28. 2	S.$\frac{1}{4}$ E.		ciel couvert.
14	— $2\frac{1}{2}$	— $2\frac{1}{2}$	28. $1\frac{1}{2}$	28. $1\frac{1}{2}$	S. E.	N.	neige pend. la n. couv. toute la journée.
15	— $4\frac{3}{4}$	1	28. $3\frac{1}{2}$	28. $3\frac{1}{2}$	N. O.	N. O.	vent fort depuis 5^h du matin jusq. soir.
16	— 4	3	28. $3\frac{1}{2}$	28. 3	N. E.	N. O.	couvert le matin, clair l'après-midi.
17	— 3	5	28. 3	28. $2\frac{1}{4}$	N. O.	S.	beau temps.
18	— 5	3	28. 1	27. $11\frac{3}{4}$	N. E.	S.	ciel couvert.
19	— $0\frac{1}{2}$	6	27. $11\frac{3}{4}$	27. $10\frac{1}{2}$	N.	S.	beau temps.
20	— 2	5	28. 1	28. $2\frac{1}{4}$	N. E.	S.	beau temps.
21	— $2\frac{1}{2}$	4	28. 1	28. 1	N. E.	S.	le soir le ciel s'est couvert.
22	— $0\frac{1}{2}$	6	28. $2\frac{1}{4}$	28. 3	N. O.	S.	ciel clair.
23	— $1\frac{1}{4}$	3	28. 3	28. 1	N. O.	S.	ciel couvert.
24	— 2	6	28. 0	28. 1	N.	N. O.	g. v. N. O. dep. 11^h du m. jus. couc. S.
25	— $3\frac{1}{2}$	4	28. $2\frac{3}{4}$	28. 1	N. O.	S.	le v. a repris la n. & a duré jus. couc. du S.
26	— $2\frac{1}{4}$	$7\frac{1}{2}$	28. 1	28. 0	S.	S.	vent depuis midi jusqu'au soir.
27	— $1\frac{1}{2}$	$5\frac{1}{4}$	28. $2\frac{1}{2}$	28. $2\frac{1}{4}$	S.$\frac{1}{4}$ E.	S.	vent depuis midi jusqu'au soir.
28	— 3	$4\frac{3}{4}$	27. $11\frac{1}{2}$	27. 10	S.$\frac{1}{4}$ E.	N. E.	beau temps.

MARS 1761.

Jours du Mois.	THERMOM. Matin.	THERMOM. Soir.	BAROMÈTRE. Matin.	BAROMÈTRE. Soir.	VENT. Matin.	VENT. Soir.	ÉTAT DU CIEL.
	degrés.	degrés.	pouces. lignes	pouces. lignes.			
1	1	5½	28. 0½	28. 1¼	N. ¼ E.	N. O.	grand vent dep. 9^h du mat. jusq. soir.
2	— 2	6½	28. 2	28. 2	N.	S.	beau temps.
3	— 1¾	7½	28. 1	28. 1	O.	S.	beau temps.
4	1	11	28. 1	28. 1	S.	N.	beau temps.
5	2	11	28. 1	27. 11	N. E.	S.	beau temps.
6	2	11	27. 11	28. 0	N. E.	S.	ciel nébuleux.
7	1½	10	28. 2¼	28. 1½	E. ¼ N.	S.	beau temps.
8	1	11	28. 1¼	27. 10½	N. E.	S.	beau temps.
9	5	11½	27. 11½	27. 11¼	E.	S.	néb. le mat. clair l'après-m. vent le soir.
10	4¾	9	27. 11¾	27. 10	N. E.	S.	couvert, petite pluie le soir.
11	2	11	27. 10	27. 10¼	N. E.	S.	beau temps.
12	3	13¼	27. 8¾	27. 7¾	N. ¼ O.	S.	beau temps.
13	4	12	27. 9¼	27. 7½	N. E.	S.	beau temps.
14	5	11¾	27. 7	27. 5¾	E.	S.	couvert le matin, clair l'après-midi.
15	5¼	9	27. 6¼	27. 9¼	N. ¼ E.	N. O.	petite pluie le matin & une partie de l'après-midi, vent N. O. fort le soir.
16	3	8	27. 10	27. 10¾	N. O.	N. O.	vent fort le mat. couvert l'après-midi.
17	2	10	28. 0	27. 10	N. O.	S.	couv. jusq. 10^h du mat. clair l'après-m.
18	— 0	5½	28. 0	28. 0	N. O.	S.	ciel couvert.
19	3	7	28. 0	28. 0	O.	S.	ciel couvert.
20	3	5½	28. 0	28. 1	E.	S.	pluie douce toute la journée.
21	4	7	28. 1¼	28. 0	S.	S.	ciel couvert.
22	5	7	27. 11	27. 9½	S.	S.	couvert, petite pluie l'après-midi.
23	5½	7½	27. 9½	27. 10¼	S. ¼ E.	S. E.	couv. pluie douce une partie de la journ.
24	5	6	27. 10¾	28. 0	N. E.	N.	couv. pluie douce une partie de la journ.
25	2	2½	28. 0	27. 11½	N. E.	N. E.	neige la n. dern. pluie ens. neige l'ap-m.
26	1½	5½	28. 0	27. 11	N. E.	N. E.	beau temps.
27	2	7	28. 0	28. 1	N. ¼ E.	N. ¼ E.	beau, nébuleux le soir.
28	2	8	28. 2	28. 1	S. E.	S.	couvert le matin, clair l'après-midi.
29	3¼	7	28. 0¼	28. 0	S. O.	S. E.	ciel couvert
30	2	6	27. 11	27. 11	S. E.	N. E.	neige la nuit dernière & aujourd'hui toute la matinée, pluie depuis midi jusqu'au lendemain.
31	4	8	28. 0	28. 1	N. O.	N. O.	pluie jusqu'à 7^h du matin.

AVRIL 1761.

Jours du Mois.	Thermom. Matin.	Thermom. Soir.	Baromètre. Matin.	Baromètre. Soir.	Vent. Matin.	Vent. Soir.	État du ciel.
	degrés.	degrés.	pouces. lignes.	pouces. lignes.			
1	2	8	28. $1\frac{1}{2}$	28. $1\frac{1}{2}$	N. $\frac{1}{4}$ E.	S.	beau temps.
2	2	11	28. $1\frac{1}{2}$	28. 1	S.	S.	beau temps.
3	4	$12\frac{1}{4}$	28. 0	28. 0	S.	S.	beau temps.
4	$4\frac{1}{2}$	13	28. 1	28. $1\frac{1}{4}$	N. $\frac{1}{4}$ E.	S.	beau temps.
5	$5\frac{1}{4}$	12	28. 3	28. $2\frac{1}{4}$	E.	S.	ciel nébuleux.
6	7	13	28. $1\frac{1}{2}$	27. 11	S.	E. $\frac{1}{4}$ N.	ciel couvert.
7	7	13	28. 0	27. $9\frac{1}{2}$	N. O.	N.	N. O. violent jusqu'au couch. du Sol.
8	6	$15\frac{1}{2}$	27. $10\frac{3}{4}$	27. 9	O. $\frac{1}{4}$ N.	S.	beau temps.
9	7	16	27. $8\frac{1}{4}$	27. $7\frac{1}{2}$	E.	S.	couvert le mat. nébuleux l'après-midi.
10	7	15	27. 11	27. 9	S.	S.	vent depuis 3^h après-midi.
11	8	9	27. 9	27. 9	S.	N. E.	pluie depuis midi jusqu'au soir.
12	7	14	27. $9\frac{3}{4}$	27. $8\frac{1}{2}$	S.	S.	couvert le matin, nébul. l'après-midi.
13	6	14	28. 2	28. $0\frac{1}{4}$	S.	N. E.	gros vent la nuit dern. & auj. jus. midi.
14	4	15	28. 0	27. 10	N. O.	S.	beau le matin, nébuleux depuis midi.
15	6	16	27. 9	27. 8	O.	S.	beau le matin, nébuleux l'après-midi.
16	$6\frac{1}{2}$	$17\frac{1}{2}$	27. $7\frac{1}{2}$	27. $7\frac{1}{4}$	O. $\frac{1}{4}$ N.	S.	beau le matin, nébuleux l'après-midi.
17	9	17	27. $9\frac{3}{4}$	27. $9\frac{1}{2}$	N. O.	S. $\frac{1}{4}$ O.	vent très-fort pend. la nuit; auj. beau t.
18	9	17	27. $8\frac{1}{2}$	27. 8	N. $\frac{1}{4}$ E.	S.	beau le matin, nébuleux l'après-midi.
19	9	19	27. 7	27. 7	E. $\frac{1}{4}$ N.	S.	beau temps.
20	12	20	27. 7	27. 7	E. $\frac{1}{4}$ S.	S.	nébuleux le matin, clair l'après-midi.
21	13	15	27. $7\frac{3}{4}$	27. $7\frac{1}{2}$	S.	E. $\frac{1}{4}$ N.	ciel nébuleux.
22	10	15	27. 5	27. 4	S.	S.	ciel couvert.
23	10	19	27. $4\frac{3}{4}$	27. 4	N. O.	S.	ciel nébuleux.
24	9	15	27. 6	27. $7\frac{1}{4}$	N. O.	N.	N. O. viol. toute la nt & jus. couc. du S.
25	7	19	27. 8	27. 6	S.	S. $\frac{1}{4}$ E.	ciel nébuleux.
26	7	14	27. 7	27. 8	N. E.	N. E.	pluie le mat. g. v. l'après-m. beau t. le s.
27	7	16	27. 8	27. 8	S.	S.	beau le matin, vent l'après-midi
28	7	16	27. 8	27. 9	S. O.	O.	vent l'après-midi, nébuleux le soir.
29	7	18	27. 10	27. $9\frac{1}{2}$	N. O.	S.	beau, nébuleux sur le soir.
30	10	18	27. 11	27. 11	N. E.	S.	beau, nébuleux sur le soir.

MAI 1761.

Jours du Mois.	THERMOM. Matin.	THERMOM. Soir.	BAROMÈTRE. Matin.	BAROMÈTRE. Soir.	VENT. Matin.	VENT. Soir.	ÉTAT DU CIEL.
	degrés.	degrés.	pouces. lignes.	pouces. lignes.			
1	9	19	28. 0	27. 11½	S.	S.	beau le matin, vent l'après-midi.
2	10	19½	27. 11¾	27. 10¼	S. E.	S.	beau le matin, vent l'après-midi.
3	11	20¼	27. 10	27. 9	S.	S.	beau temps.
4	11	19	27. 10	27. 9	S. E.	S. E.	beau temps.
5	12	19	27. 9	27. 9	S. E.	N. E.	pluie la nuit & aujourd'hui la matinée.
6	11	20	27. 9¼	27. 9	O.	S.	beau le matin, vent l'après-midi.
7	12	18½	27. 9	27. 10	N.	S.	ciel nébuleux.
8	9	18½	27. 11½	27. 9¾	N. O.	S.	beau temps.
9	9	22	27. 9	27. 6	N.	S.	beau le matin; vent Sud violent le soir.
10	12	16	27. 6	27. 8	S.	N. O.	couvert le matin, gros vent l'ap. midi.
11	6	16	27. 10	27. 9	N. O.	S.	beau le matin, gros vent l'après-midi.
12	7	20¼	27. 9½	27. 7¾	N. E.	S. O.	beau le matin, grand vent l'après-midi.
13	12	22	27. 8	27. 7¼	S. O.	S.	nébuleux le mat. grand vent l'après-m.
14	13	22	27. 9	27. 8	S.	S.	beau le m. grand v. une part. de l'ap. m.
15	14	22	27. 8	27. 7½	S. ¼ E.	S. E.	ciel nébuleux.
16	12½	13	27. 7	27. 7	S. E.	N. E.	pluie dep. 8h du mat. jusqu'au lendem.
17	12	16	27. 6¼	27. 7	S.	O. ¼ N.	ciel nébuleux.
18	12	18	27. 9	27. 9	O. ¼ N.	S.	beau temps.
19	14	19½	27. 8	27. 9	S. ¼ E.	S.	beau temps.
20	13	23	27. 9½	27. 7	S.	S.	ciel nébuleux.
21	13	21	27. 7	27. 7¼	S. ¼ O.	N.	néb. le m. gr. v. dep. 8h jus. couc. du S.
22	11	20	27. 9	27. 8¾	O.	N. ¼ E.	beau d'abord, à 8h g. v. jus. couc. du S.
23	11	20	27. 8	27. 7	O. ¼ N.	S.	vent sur le soir.
24	12	23	27. 8	27. 7	E. ¼ N.	S.	beau temps.
27	13	25¼	27. 8½	27. 7¾	N. E.	S.	beau temps.
28	15	26¼	27. 8	27. 7	S. O.	S.	vent Sud l'après-midi.
29	15	25	27. 7¼	27. 6¾	S. ¼ O.	O. ¼ S.	ciel couvert.
30	17	26½	27. 7½	27. 7¼	E. ¼ N.	S.	ciel clair.
31	19	25	27. 7¼	27. 6¼	S.	S.	vent var. couvert, pet. pluie l'après-m.

JUIN 1761.

Jours du Mois.	Thermom. Matin.	Thermom. Soir.	Baromètre. Matin.		Baromètre. Soir.		Vent. Matin.	Vent. Soir.	État du ciel.
	degrés.	*degrés.*	*pouces.*	*lignes*	*pouces.*	*lignes*			
1	15	$29\frac{1}{2}$	27.	5	27.	$4\frac{1}{2}$	O. $\frac{1}{4}$ S.	N. $\frac{1}{4}$ O.	ciel clair.
2	18	$27\frac{1}{2}$	27.	6	27.	5	N. $\frac{1}{4}$ E.	S. $\frac{1}{4}$ E.	clair le matin, couvert l'après-midi.
3	17	$27\frac{1}{2}$	27.	6	27.	5	N. $\frac{1}{4}$ E.	N.	nébuleux tout le jour.
4	19	29	27.	6	27.	7	S. $\frac{1}{4}$ E.	S.	clair, vent depuis midi jusqu'à 3h.
5	19	27	27.	6	27.	$6\frac{1}{2}$	E.	S.	ciel nébuleux.
6	$18\frac{1}{2}$	30	27.	6	27.	$5\frac{1}{2}$	S. $\frac{1}{4}$ E.	S.	nébuleux jusque vers les 8 heures, clair ensuite jusqu'à 4 heures. *Vénus dans le Soleil.*
7	22	$29\frac{1}{2}$	27.	5	27.	$4\frac{1}{2}$	S.	E.	couvert le matin en partie, ensuite il est tombé de la pluie.
8	18	19	27.	$7\frac{3}{4}$	27.	8	N. E.	S.	pluie la matinée, clair l'après-midi.
9	15	$23\frac{1}{2}$	27.	8	27.	7	N. E.	S. $\frac{1}{4}$ E.	beau, vent depuis 2h jusqu'à 4.
10	15	20	27.	$6\frac{3}{4}$	27.	$6\frac{1}{2}$	S. E.	S. E.	beau le matin, pluie l'après-midi.
11	15	$23\frac{1}{2}$	27.	5	27.	$5\frac{3}{4}$	S. E.	N. $\frac{1}{4}$ E.	nébuleux le matin, grand vent le soir.
12	$14\frac{1}{4}$	24	27.	8	27.	$7\frac{1}{2}$	N. E.	S. $\frac{1}{4}$ O.	beau temps.
13	15	25	27.	$7\frac{1}{2}$	27.	$6\frac{1}{4}$	S. $\frac{1}{4}$ O.	S.	beau le matin, couvert depuis 11h.
14	14	27	27.	$5\frac{1}{2}$	27.	$4\frac{3}{4}$	S.	S.	beau temps.
15	14	26	27.	6	27.	6	S.	S.	pluie l'après-midi.
16	14	18	27.	6	27.	6	S. E.	S. E.	pluie l'après-midi.
17	14	26	27.	6	27.	6	S. $\frac{1}{4}$ E.	S. E.	beau le matin, pluie le soir.
18	16	27	27.	4	27.	$4\frac{3}{4}$	E. $\frac{1}{4}$ N.	S.	beau temps.
19	19	$28\frac{1}{4}$	27.	7	27.	$6\frac{1}{2}$	S. E.	S.	ciel nébuleux.
20	19	28	27.	7	27.	$5\frac{3}{4}$	S. $\frac{1}{4}$ E.	S. $\frac{1}{4}$ E.	beau temps.
21	$19\frac{1}{2}$	27	27.	6	27.	6	S. E.	N. O.	couv. pluie vers les 6h du soir, vent var.
22	$14\frac{1}{2}$	27	27.	6	27.	6	S. O.	N.	beau temps.
23	14	27	27.	6	27.	6	S.	N.	beau le matin, couvert l'après-midi.
24	$19\frac{1}{2}$	$27\frac{1}{2}$	27.	$7\frac{1}{4}$	27.	$7\frac{1}{4}$	N. $\frac{1}{4}$ E.	N. $\frac{1}{4}$ E.	ciel nébuleux.
25	17	$22\frac{1}{2}$	27.	$8\frac{3}{4}$	27.	7	N. $\frac{1}{4}$ E.	S. $\frac{1}{4}$ E.	pluie par intervalles, ciel clair vers 3h.
26	$15\frac{1}{2}$	25	27.	$7\frac{3}{4}$	27.	7	E. $\frac{1}{4}$ N.	S. E.	beau le matin, nébul. l'après-m. g. vent.
27	$17\frac{1}{2}$	$25\frac{1}{4}$	27.	$7\frac{3}{4}$	27.	6	E. $\frac{1}{4}$ S.	S.	ciel couvert.
28	18	$25\frac{1}{2}$	27.	6	27.	$5\frac{3}{4}$	E.	E.	ciel nébuleux.
29	18	20	27.	7	27.	7	E.	N. $\frac{1}{4}$ E.	ciel couvert.
30	$17\frac{3}{4}$	$27\frac{1}{2}$	27.	6	27.	6	N. $\frac{1}{4}$ E.	S. $\frac{1}{4}$ E.	couvert le matin, le ciel s'est éclairci vers midi.

JUILLET 1761.

Jours du Mois.	Thermom. Matin.	Thermom. Soir.	Baromètre Matin.		Baromètre Soir.		Vent. Matin.	Vent. Soir.	État du ciel.
	degrés.	degrés.	pouces.	lignes.	pouces.	lignes.			
1	18	28	27.	6	27.	6½	N. E.	S.	ciel clair.
2	19½	26	27.	6	27.	6	N. E.	S.	couvert tout le jour.
3	19	29	27.	6¼	27.	7	E.	S.	nébuleux, orage & ensuite pluie le soir.
4	18¾	27	27.	7	27.	6	S.	N. E.	couvert, pluie d'orage vers les 5 h du s.
5	18	26	27.	6	27.	6	N. E.	N. E.	couvert le mat. nébuleux l'après-midi.
6	19	28	27.	7	27.	7	N. ¼ E.	S.	ciel clair.
7	20	28½	27.	8	27.	7¾	S.	S. ¼ E.	ciel clair.
8	19½	29	27.	8¾	27.	7½	S. ¼ E.	S. ¼ E.	ciel clair.
9	20	28½	27.	8	27.	8	S. E.	S. E.	clair d'abord, couvert ensuite.
10	19¾	23	27.	8	27.	5¾	E. ¼ S.	E. ¼ S.	ciel couvert.
11	13¾	27	27.	8	27.	4	O.	S.	ciel clair.
12	19	28	27.	4¾	27.	6	N. ¼ O.	S.	ciel nébuleux.
13	20	28½	27.	8	27.	5¾	S.	S. ¼ E.	ciel nébuleux.
14	20½	23	27.	5½	27.	5	S. ¼ E.	S. ¼ O.	nébul. le mat. pluie douce l'après-m.
15	20	28	27.	4¾	27.	4¾	O. ¼ S.	S. ¼ O.	ciel couvert.
16	22	27	27.	5½	27.	5½	S. E.	E. ¼ S.	ciel couvert.
17	19	22½	27.	6	27.	6½	E. ¼ N.	E. ¼ S.	pluie la nuit, couv. & pluie 1 h de la jour.
18	18½	25½	27.	6½	27.	7	N. ¼ E.	S.	pluie la nuit, nébuleux tout le jour.
19	19	25	27.	8½	27.	8	S. E.	E.	ciel nébuleux.
20	18	26	27.	8½	27.	8	S. E.	E.	ciel couvert.
21	18½	20	27.	8	27.	7	E. ¼ E.	N. O.	pluie douce tout le jour.
22	16	25	27.	5¾	27.	5	N. ¼ E.	N.	pluie la nuit & aujourd'hui tout le jour.
23	18	29½	27.	6¼	27.	6¼	E.	E.	couvert le matin, pluie l'après-midi.
24	17½	25	27.	7	27.	6¼	N. ¼ E.	S.	ciel nébuleux.
25	18	25	27.	5½	27.	4½	E. ¼ N.	S. ¼ E.	pluie & tonn. la nuit, couv. tout le jour.
26	19	25	27.	4	27.	4	S.	S. ¼ O.	nébuleux le matin, pluie l'après-midi.
27	15	23	27.	5	27.	6	N. E.	S.	pluie toute la nuit & aujourd'hui.
28	17	22	27.	6½	27.	7	E.	O. ¼ N.	pluie la nuit & aujourd'hui la matinée.
29	18	25	27.	7¼	27.	6	O.	S.	couvert le matin, clair l'après-midi.
30	18	27	27.	5½	27.	5½	S. E.	S. E.	ciel clair.
31	20	25½	27.	5½	27.	5½	S.	S. E.	clair le matin, nébuleux l'après-midi

AOUST

AOUST 1761.

Jours du Mois.	Thermom. Matin.	Thermom. Soir.	Baromètre. Matin.		Baromètre. Soir.		Vent. Matin.	Vent. Soir.	État du ciel.
	degrés.	degrés.	Pouces.	lignes.	pouces.	lignes.			
1	20	$25\frac{1}{2}$	27.	6	27.	6	N. E.	S. E.	ciel clair.
2	20	26	27.	7	27.	$7\frac{1}{4}$	N. E.	S.	nébuleux le matin, clair l'après-midi.
3	20	27	27.	$7\frac{3}{4}$	27.	$7\frac{3}{4}$	N. E.	S.	nébuleux le matin, clair l'après-midi.
4	20	28	27.	8	27.	$7\frac{1}{4}$	S.	S. $\frac{1}{4}$ O.	clair le matin, nébuleux le ſoir.
5	22	22	27.	$6\frac{3}{4}$	27.	6	S. $\frac{1}{4}$ O.	N. E.	pluie la nuit & aujourd'hui la matinée.
6	21	25	27.	6	27.	6	N. E.	S. E.	couvert; pluie par intervalles.
7	21	24	27.	5	27.	5	S. E.	S. E.	groſſe pluie tout le jour.
8	$19\frac{1}{2}$	24	27.	5	27.	5	S. E.	S. E.	pluie par intervalles.
9	20	25	27.	$5\frac{1}{2}$	27.	$5\frac{1}{2}$	S. E.	S. E.	ciel couvert.
10	20	27	27.	6	27.	6	S. $\frac{1}{4}$ O.	S. $\frac{1}{4}$ E.	ciel couvert.
11	20	26	27.	$6\frac{1}{2}$	27.	$6\frac{3}{4}$	N. $\frac{1}{4}$ O.	E. $\frac{1}{4}$ N.	nébuleux.
12	21	24	27.	$7\frac{1}{4}$	27.	7	N. $\frac{1}{4}$ E.	E. $\frac{1}{4}$ N.	couvert.
13	17	24	27.	8	27.	$7\frac{1}{2}$	N. E.	S. E.	pluie la nuit & aujourd'hui le ſoir.
14	20	25	27.	7	27.	8	N. E.	S. E.	pluie le matin, nébuleux l'aprèsmidi.
15	20	25	27.	8	27.	$7\frac{3}{4}$	N. E.	E.	pluie la nuit & aujourd'hui en partie.
16	19	20	27.	$7\frac{1}{4}$	27.	$7\frac{1}{4}$	N. E.	N.	pluie la nuit & aujourd. preſque tout le j.
17	19	20	27.	$7\frac{1}{4}$	27.	$6\frac{3}{4}$	N. E.	S. E.	pluie la nuit & aujourd. preſque tout le j.
18	19	25	27.	$6\frac{3}{4}$	27.	6	S. E.	S.	pluie la nuit & aujourd'hui la matinée, l'après-midi le ciel s'eſt éclairci.
19	20	26	27.	$4\frac{1}{2}$	27.	$3\frac{1}{2}$	S.	S.	ciel nébuleux.
20	$19\frac{3}{4}$	26	27.	$2\frac{3}{4}$	27.	4	S. O.	S.	brouillard le matin, clair l'après-midi.
21	20	25	27.	5	27.	6	N. O.	N. O.	beau temps.
22	17	25	27.	$6\frac{3}{4}$	27.	$6\frac{3}{4}$	N.	S.	beau, couvert ſur le ſoir.
23	$19\frac{1}{2}$	25	27.	7	27.	$7\frac{1}{2}$	E. $\frac{1}{4}$ N.	S.	pluie & tonn. la nuit, nébul. aujourd.
24	$19\frac{1}{2}$	25	27.	$8\frac{3}{4}$	27.	$8\frac{3}{4}$	S. E.	N. O.	couvert, pluie ſur le ſoir.
25	18	23	27.	$7\frac{3}{4}$	27.	$6\frac{1}{2}$	N.	S.	pluie douce le matin, nébul. le ſoir.
26	20	20	27.	$6\frac{1}{2}$	27.	$6\frac{1}{2}$	S. E.	S. E.	ciel couvert.
27	19	18	27.	7	27.	8	S. E.	E. $\frac{1}{4}$ N.	pluie & tonn. toute la n. & auj. t. la mat.
28	$14\frac{3}{4}$	20	27.	9	27.	$8\frac{1}{2}$	N. E.	S. E.	beau temps.
29	14	$19\frac{1}{2}$	27.	$10\frac{1}{2}$	27.	$8\frac{1}{2}$	N. E.	S.	beau le matin, à a heures le ciel s'eſt couvert & il eſt tombé un peu de pluie.
30	15	19	27.	$7\frac{1}{4}$	27.	6	S.	S.	pluie fine preſque tout le jour.
31	$16\frac{1}{2}$	20	27.	$7\frac{1}{4}$	27.	$6\frac{1}{2}$	O.	S.	couvert le matin, clair l'après-midi.

SEPTEMBRE 1761.

Jours du Mois.	THERMOM. Matin.		BAROMÈTRE. Matin.		VENT. Matin.		ÉTAT DU CIEL.
		Soir.		Soir.		Soir.	
	degrés.	degrés.	pouces. lignes.	pouces. lignes.			
1	16	22	27. 8½	27. 8½	N. ¼ E.	S. E.	ciel couvert.
2	15	22	27. 9¾	27. 9¼	N. ¼ E.	S. ¼ E.	ciel nébuleux.
3	15	23	27. 9¾	27. 9	N. ¼ E.	S.	beau temps.
4	16	20	27. 9¼	27. 8¾	N. ¼ E.	N. ¼ E.	couvert, pluie l'après-midi.
5	15½	21	27. 8½	27. 7½	S. E.	S. E.	ciel couvert.
6	16	25	27. 7½	27. 6½	N. E.	S. O.	nébuleux le matin, couvert ensuite, à 5 heures du soir pluie, grêle & tonnerre pendant deux heures.
7	14	20	27. 8	27. 8	N. E.	N. E.	beau temps.
8	14	21	27. 8¾	27. 8	N. E.	S.	beau temps.
9	16	19	27. 8¼	27. 6¼	E.	S.	nébuleux, pluie d'orage par intervalles.
10	16	21	27. 6	27. 6¾	N.	N. O.	ciel couvert.
11	16¼	20	27. 7¾	27. 7¾	N.	S.	beau temps.
12	11	20	27. 8	27. 7¾	O. ¼ N.	N.	beau le mat. nébul. vers midi, pluie le s.
13	13	20	27. 8½	27. 8	N.	S. E.	beau temps.
14	13	20	27. 8	27. 8¾	N. E.	S. E.	beau temps.
15	13	20	27. 9	27. 9	N. ¼ E.	S.	beau temps.
16	13½	21	27. 9	27. 8	N. E.	S.	nébul. le mat. grosse pluie & tonn. le s.
17	12½	14½	27. 8	27. 8	E. ¼ N.	N. E.	pluie pendant la nuit.
18	11	19	27. 9¼	27. 9¼	N. E.	S.	couvert, pluie par intervalles.
19	11	14½	27. 9	27. 9	N. O.	N. O.	beau jusqu'à midi, ensuite couvert, vent très-violent l'après-midi.
20	12½	14½	27. 9½	27. 9	N. O.	N. O.	beau temps.
21	11¾	22	27. 9	27. 9	E.	S.	beau temps.
22	12	19	27. 9	27. 8¾	N. E.	S. E.	beau temps.
23	13½	20	27. 9	27. 8½	S. E.	S.	beau temps.
24	12½	21	27. 8¾	27. 7¾	S. E.	S.	b. le mat. couv. à midi, pluie & tonn. le s.
25	14	17	27. 9	27. 9	N. E.	S.	pluie la nuit, couvert toute la journée.
26	9¾	17	27. 9½	27. 9¼	N. E.	S.	beau temps.
27	10	17	27. 9¼	27. 7¾	N.	S.	beau temps.
28	12	20	27. 8	27. 8	N.	N. O.	beau le matin, vent N. O. depuis midi jusqu'au coucher du Soleil.
29	10	20	27. 10¾	27. 9¾	N. E.	S.	beau temps.
30	10	18	27. 9½	27. 9	N. E.	S.	beau temps.

OCTOBRE 1761.

Jours du Mois.	Thermom. Matin.	Thermom. Soir.	Baromètre. Matin.	Baromètre. Soir.	Vent. Matin.	Vent. Soir.	État du ciel.
	degrés.	degrés.	pouces. lignes.	pouces. lignes.			
1	11½	20	27. 9¼	27. 8½	N. E.	S.	nébuleux le matin, beau l'après-midi.
2	12	20	27. 8½	27. 8½	N. E.	S.	beau temps.
3	12	20	27. 9½	27. 9¼	N. E.	S.	beau temps.
4	14	20	27. 10	27. 10	N. E.	S.	ciel couvert.
5	14	20	27. 10	27. 9½	S. O.	S.	couvert le mat. nébuleux l'après-midi.
6	14	20	27. 9½	27. 8¾	S. E.	S.	ciel nébuleux.
7	13	20	27. 8½	27. 9	S. E.	S. E.	nébuleux, pluie le soir.
8	14	14	27. 9	27. 8	S. E.	S. E.	pluie toute la nuit & aujourd'hui.
9	14	17	27. 9	27. 9¾	S. E.	S. E.	pluie toute la nuit & aujourd'hui.
10	11	13	28. 0	27. 11	S. E.	S. E.	couvert, pluie le soir.
11	10	12	27. 10	27. 10	S. E.	S. O.	couvert, petite pluie par intervalles.
12	6¼	9	28. 1	28. 2	N. O.	N. O.	grand vent N. O. la nuit & aujourd'hui.
13	3	9	28. 3	28. 1	S.	S.	beau temps.
14	3	10	28. 0¼	27. 11¼	O. ¼ N.	S.	beau temps.
15	5	13	27. 11	27. 11	N. ¼ E.	S.	beau temps.
16	7	13	28. 0	28. 0¼	N. ¼ E.	S.	brouillard épais le mat. couvert le soir.
17	7	11	27. 10¾	27. 11	O.	S.	pluie dep. les 4h du m. jusq. 9h du soir.
18	5	12½	27. 11	27. 9	O.	S.	beau temps.
19	5	13	27. 9¼	27. 9	O.	S.	beau temps.
20	7	14½	27. 10¼	27. 11	N. E.	S. E.	beau le matin, nébuleux l'après-midi.
21	9	14	27. 9½	27. 9¼	S. ¼ O.	S.	beau temps.
22	8	15	27. 9¼	27. 9	S.	S.	brouillard épais le m. beau dep. les 10h.
23	8½	14½	27. 9	27. 9	S.	S.	ciel couvert.
24	7	12	28. 1	27. 11¾	N. O.	S. O.	clair, grand vent le matin.
25	8	14	27. 10¾	27. 11	S.	S.	beau temps.
26	5	12	27. 11¼	27. 11	N. E.	S.	beau le matin, nébuleux l'après-midi.
27	6	12	27. 11	27. 10¾	E.	N. E.	beau le matin, à midi ciel couvert, pluie & tonnerre depuis 6 heures du soir jusqu'à 8.
28	6	12	27. 11	27. 11	S.	S.	ciel nébuleux.
29	5	9	27. 11	27. 11	N. E.	S. O.	couvert, petite pluie l'après-midi, le soir le ciel s'est éclairci.
30	5	10	28. 1	28. 0	N.	S.	beau temps.

NOVEMBRE 1761.

Jours du Mois.	Thermom. Matin.	Thermom. Soir.	Baromètre. Matin.	Baromètre. Soir.	Vent. Matin.	Vent. Soir.	État du ciel.
	degrés.	degrés.	pouces. lignes.	pouces. lignes.			
4	8	12	27. 11	27. 11	S.	S.	ciel couvert.
5	5	6	28. 0	28. 1	N. O.	N. E.	pluie la nuit, ensuite vent N. O. très-fort qui a cessé au coucher du Soleil.
6	— 0	4½	28. 0½	28. 0½	E. ¼ N.	S.	beau temps.
7	0½	6	28. 0½	28. 1	N.	S.	beau temps.
8	1	6	28. 1	27. 11½	E. ¼ N.	S.	couvert le matin, clair le soir.
9	1½	7	27. 10	27. 9½	N.	S.	beau temps.
10	2	7	27. 10	27. 10	E.	N.	beau le matin, nébuleux le soir.
11	4	6	28. 1½	28. 1½	N. O.	N.	couvert, vent assez fort jusqu'à 3^h.
12	— 0½	4	28. 1½	28. 2	N.	N.	beau. *Éclipse de Lune.*
13	— 1½	4½	28. 1½	28. 0¾	N. E.	S. E.	ciel nébuleux.
14	2	6	28. 1	28. 1	S. E.	S. E.	couvert le matin, clair l'après-midi.
15	1½	4	28. 2	28. 2¼	N. E.	S. E.	ciel couvert.
16	1½	1	28. 3½	28. 4	N. O.	N. O.	grand vent toute la journée.
17	— 3¼	2	28. 3¾	28. 3	N. O.	S.	beau temps.
18	— 3½	2	28. 4½	28. 3¼	N. O.	S.	beau le matin, nébuleux l'après-midi.
19	— 1	2	28. 1½	28. 2	S. O.	S. O.	ciel couvert.
20	— 1	4	28. 2	28. 1	N. E.	N. O.	beau le matin, nébuleux l'après-midi.
21	— 2	3	28. 2	28. 3	N. O.	N. O.	ciel couvert.
22	— 4	0½	28. 3	28. 1½	N. O.	S.	beau temps.
23	— 3½	3	27. 11¾	27. 10	S. O.	S. O.	beau temps.
26	— 0	6	27. 9	27. 9	S.	S.	beau temps.
27	— 0	6	27. 9	27. 9	N. ¼ E.	S.	beau temps.
28	— 0	7	27. 9½	27. 11½	N. ¼ E.	N. O.	beau temps.
30	— 4	1	28. 3	28. 1	N. O.	N. O.	grand vent la nuit & aujourd. jusqu'au coucher du Soleil, hier beau temps.

DÉCEMBRE 1781.

Jours du Mois.	THERMOM.		BAROMÈTRE.		VENT.		ÉTAT DU CIEL.
	Matin.	Soir.	Matin.	Soir.	Matin.	Soir.	
	degrés.	degrés.	pouces. lignes	pouces. lignes			
1	— 3½	5½	27. 9¼	27. 10¼	S.	S.	beau le mat. gros vent, variable le soir.
2	1½	5	28. 0	28. 1	N.	S.	beau temps.
3	— 1½	2	28. 1	27. 11	N.	N.	vent variable, beau temps
4	4	5	27. 11½	28. 0½	N.	N.	vent variable le matin, beau temps.
5	— 0½	5½	27. 11	27. 10	S.	S.	beau temps.
6	5	10	28. 0	27. 11	N.	S.	beau temps.
7	4	9	27. 11	27. 10	S.	S.	beau temps.
8	0½	6	27. 11¼	27. 11	E.	S.	ciel nébuleux.
9	0½	— 0½	28. 0	28. 3	N. O.	N. O.	grand vent toute la journée.
10	— 5	0¼	28. 2	27. 11¼	S. O.	S.	le vent a cessé pendant la nuit.
11	— 5	0¼	27. 11	27. 9	N. E.	S.	beau temps.
12	— 0½	— 0½	28. 3	28. 3	N. E.	N. E.	
13	— 6	— 3	28. 6	28. 6	N. E.	N. E.	
14	— 6	— 2	28. 3½	28. 3	N. E.	N. E.	ciel nébuleux.
15	— 3	— 1	28. 2	28. 2	N. O.	N. O.	ciel nébuleux.
16	— 3	0½	28. 3	28. 2	N. O.	S.	beau temps.
17	— 4	— 0¼	28. 0	27. 9½	S. E.	S. E.	
18	0½	3	27. 9¼	27. 9¾	N. E.	N. O.	vent variable.
19	— 2	— 3½	28. 2	28. 2	N. O.	N. O.	vent très-fort tout le jour.
20	— 6	— 2½	28. 3	28. 1	S. O.	S.	le vent a cessé la nuit, beau temps.
21	— 6	— 2	28. 0	28. 0	S. E.	S. E.	
22	— 6¼	0½	28. 0	28. 0	N. E.	S.	
23	— 6¼	— 1	27. 10	27. 9	N.	S.	
24	— 3¾	1	27. 10	27. 11	E.	S. E.	
25	— 6¼	0½	28. 1	28. 0¾	N. E.	S. E.	
26	— 4	0¼	27. 11	27. 11½	N. E.	S.	couvert le matin, beau l'après-midi.
27	— 5½	— 2	28. 0	28. 0	N. E.	S. E.	beau temps.
28	— 7½	— 2	28. 0	27. 11	N. E.	S.	beau temps.
29	— 4½	— 2	27. 10¼	27. 9	N.¼O.	N.	ciel couvert.
30	— 5	1½	27. 10	27. 10	N.¼O.	S.	ciel couvert.
31	— 6½	— 3½	28. 2¼	28. 2	N.¼E.	S.	ciel couvert.

JANVIER 1762.

Jours du Mois.	THERMOM. Matin.	THERMOM. Soir.	BAROMÈTRE. Matin.	BAROMÈTRE. Soir.	VENT. Matin.	VENT. Soir.	ÉTAT DU CIEL.
	degrés.	degrés.	pouces. lignes.	pouces. lignes.			
1	— 7	— 5	28. 1	28. 1	N. E.	N. E.	neige pend. la n. & tout le j. en tout 6 p.
2	— 9½	— 8½	28. 2	28. 2¾	S. E.	N.	neige la nuit, temps clair le matin.
3	— 11	— 8	28. 3	28. 4	N. O.	N. O.	ciel clair.
4	— 10½	— 6	28. 4½	28. 4¼	N. O.	N. O.	ciel clair.
5	— 9¾	— 5	28. 4¾	28. 4	N. ¼ E.	E.	ciel clair.
6	— 8¼	— 4¼	28. 4	28. 3	N. ¼ E.	O. ¼ N.	ciel clair.
7	— 8	— 3½	28. 2	28. 1	N.	S. ¼ E.	ciel clair.
8	— 7	— 3½	28. 1	28. 0	O.	S.	ciel clair.
9	— 10	— 3	27. 10	27. 8¼	O. ¼ N.	S.	ciel couvert.
10	— 2	— 2	28. 1	28. 1	N. O.	N. O.	nébuleux, grand vent.
11	— 12	— 7	28. 4	28. 4	N. O.	N. O.	grand vent.
12	— 12½	— 9	28. 3	28. 2¼	N. O.	S.	le vent a ceſſé pendant la nuit.
13	— 11	— 4	28. 1¾	28. 2	E. ¼ N.	S.	ciel clair.
14	— 10½	— 5	28. 2	28. 1½	E. ¼ N.	N. ¼ E.	couvert, neige ſur le ſoir.
15	— 8	— 4	28. 4	28. 4¾	N.	S.	ciel nébuleux.
16	— 10	— 6	28. 4¼	28. 4¼	E.	S.	ciel nébuleux.
17	— 8	— 3	28. 4	28. 5	E.	N. O.	ciel nébuleux.
18	— 8½	— 4	28. 5	28. 4¼	E.	S.	ciel nébuleux.
19	— 11	— 5	28. 4½	28. 5	E. ¼ N.	N. O.	ciel clair.
20	— 11	— 5	28. 5¼	28. 4¾	N. O.	S.	beau temps.
21	— 9	— 2	28. 5	28. 5	N. ¼ E.	N. O.	variable, beau temps.
22	— 7½	— 2	28. 6¼	28. 5¾	N. ¼ E.	S.	beau temps.
23	— 7	— 2	28. 5	28. 3½	O. ¼ N.	S.	beau temps.
24	— 4	— 0	28. 2¾	28. 2¼	N. O.	N. O.	
25	— 5	1	28. 4¼	28. 3½	S.	S.	
26	— 4	2	28. 2	28. 2	S.	S.	
27	— 6½	1	28. 0	27. 11	N.	S.	
28	— 5	1	27. 10¼	27. 9	N.	S.	
29	— 4	4	27. 11	27. 10¼	N.	S.	
30	0½	4	27. 10¾	27. 10¾	O. ¼ N.	N.	
31	— 1	3	27. 11	28. 0½	N.	S.	

FÉVRIER 1762.

Jours du Mois.	Thermom. Matin.	Thermom. Soir.	Baromètre. Matin.	Baromètre. Soir.	Vent. Matin.	Vent. Soir.	État du ciel.
	degrés.	degrés.	pouces. lignes.	pouces. lignes.			
1	— 4	2	28. 0½	28. 0¼	N.	S.	beau temps.
2	— 4	2	28. 0½	28. 3	N.	E.¼N.	ciel nébuleux.
3	— 6	0¼	28. 3	28. 3	N.	S.	ciel nébuleux.
4	— 2½	0¼	28. 0¾	28. 0¾	N. E.	S.	il est tombé ½ pouce de neige.
5	— 3¾	2	28. 0¾	28. 0¾	S. E.	S.	vent variable le matin, beau temps.
6	— 5	1	28. 1¼	28. 1	N. E.	S.	
7	— 5	1	28. 1	28. 0¼	S.	S.	
8	— 3	2	28. 0	27. 11¼	S.	S.	
9	— 1	6	27. 11¾	27. 11¾	N. E.	S.¼O.	
10	— 2	4¼	28. 2	28. 2¼	N.	S.	
11	— 3	3	28. 3½	28. 0½	N. O.	S.	
12	— 4	3½	27. 11	27. 10¾	N. O.	S.	
13	— 3½	3	27. 11	27. 11	N. E.	S.	
14	— 1	0½	28. 0	28. 2	N.	N. O.	couvert, grand vent depuis 9h du mat.
15	— 6½	1	28. 0	27. 11	N.	S.	le vent a cessé la nuit, il a repris à 11 heures du matin & a cessé à 3 heures après midi.
16	— 4	— 3	27. 11	28. 1¼	N. O.	N. O.	vent assez fort toute la journée.
17	— 9	— 2	28. 3½	28. 3	N. O.	N. O.	vent très-fort dep. 10h du m. jus. 6 du s.
18	— 8	— 2	28. 3	28. 2¾	N. O.	N. O.	beau temps.
19	— 7½	— 2	28. 5	28. 4	N. O.	N. O.	grand vent la nuit & aujourd'hui.
20	— 8	— 2	28. 4¼	28. 4	N. O.	S.	beau le matin, couvert depuis midi.
21	— 6	— 2½	28. 4½	28. 4	S.¼E.	S. E.	neige pendant la nuit environ une ligne, & aujourd'hui à peu près autant.
22	— 5	— 0½	28. 2	28. 1	N. E.	S.	neige pend. la nuit environ 2 pouces.
23	— 4½	2	28. 2	28. 1	N.	S.	beau temps.
24	— 4	2	28. 1	28. 1	S.	S.	
27	— 0¼	....	27. 9	......	S.	....	vent & grand vent le 28 depuis 9h du matin jusqu'au soir.

MARS 1762.

Jours du Mois.	Thermom. Matin.	Thermom. Soir.	Baromètre. Matin.	Baromètre. Soir.	Vent. Matin.	Vent. Soir.	État du Ciel.
	degrés.	*degrés.*	*pouces. lignes.*	*pouces. lignes.*			
1	$-1\frac{1}{2}$	4	28. 0	27. 9	S.	S.	couvert, gr. vent dep. 8 h jusqu'au soir.
2	-2	5	27. $9\frac{1}{2}$	27. $9\frac{1}{3}$	E. $\frac{1}{4}$N.	S.	beau temps.
3	-3	3	28. 0	28. 0	S.	S.	
4	$-0\frac{1}{2}$	2	27. 10	28. 0	N. E.	N. O.	couv. vent très-fort dep. 3 h après-m.
5	$-6\frac{1}{2}$	3	28. 3	28. 0	N. O.	N.	vent toute la nuit & aujourd'hui jusq. s.
6	$-4\frac{1}{2}$	....	28. 0	......	E.		
8	$-2\frac{1}{4}$	5	28. 1	27. $11\frac{1}{2}$	N. E.	S.	gr. vent dep. 8 h du matin jusqu'au soir.
9	$-3\frac{1}{2}$	$5\frac{1}{2}$	27. $11\frac{1}{2}$	27. $11\frac{3}{4}$	N. E.	S.	beau temps.
10	-1	2	28. 1	28. 1	N. E.	N. O.	néb. le mat. gr. vent dep. 8 h jusq. soir.
11	-2	4	28. $0\frac{1}{2}$	28. 0	N.	N. O.	vent depuis midi jusqu'au soir.
12	-1	$1\frac{1}{3}$	27. 10	27. 7	S.	S.	grand vent variable l'après-midi.
13	-2	3	27. 8	27. $11\frac{3}{4}$	N. O.	N. O.	vent très-violent jusqu'au couc. du Sol.
14	2	4	28. $1\frac{1}{4}$	27. $11\frac{1}{2}$	N. O.	N.	grand vent la nuit & aujourd'hui.
15	2	6	27. 10	27. 7	S.	S.	ciel nébuleux.
16	1	4	27. 5	27. 9	N. O.	N. O.	couvert, vent très-fort jusqu'au soir.
17	-2	3	28. 0	27. 10	S. E.	N. O.	vent d'après-midi.
18	-4	$-0\frac{1}{2}$	28. 2	28. 2	N. O.	N. E.	vent violent la nuit & aujourd'hui.
19	-3	$-1\frac{1}{2}$	28. 3	28. 2	N. O.	N. O.	vent violent jusqu'au soir.
20	$-3\frac{1}{2}$	3	28. 2	28. 2	N. O.	N. O.	gr. vent la nuit & aujourd. jusqu'au soir.
21	$-1\frac{1}{2}$	7	28. 1	28. 0	N. E.	N. O.	beau vers midi, gr. vent jusqu'au soir.
22	$-0\frac{1}{3}$	$7\frac{1}{4}$	28. 0	27. $11\frac{3}{4}$	N. O.	N. E.	grand vent depuis 7 h du mat. jusq. soir.
23	$0\frac{1}{2}$	9	28. 0	27. $11\frac{3}{4}$	N.	N. E.	nébuleux, grand vent l'après-midi.
24	1	9	27. 11	27. 8	S.	S.	beau temps.
25	3	$13\frac{1}{3}$	27. 7	27. 6	S. O.	S.	ciel nébuleux.
26	$4\frac{1}{4}$	11	27. 7	27. 7	S. O.	S.	ciel couvert.
27	$3\frac{1}{2}$	11	27. 9	27. 11	O.	S. E.	couvert, petite pluie le soir.
28	$1\frac{1}{2}$	8	28. 0	27. 11	N. O.	N.	nébuleux avec vent N. O. assez frais.
29	$1\frac{3}{4}$	6	28. 0	28. 1	N. E.	N. O.	le m. un peu de neige, elle fond en tom.
30	$-1\frac{1}{2}$	6	28. 0	27. $11\frac{1}{4}$	S.	S.	beau temps.
31	1	$8\frac{1}{4}$	28. 0	27. $11\frac{1}{4}$	N. E.	S.	beau temps.

AVRIL 1762.

Jours du Mois.	THERMOM. Matin.	THERMOM. Soir.	BAROMÈTRE. Matin.	BAROMÈTRE. Soir.	VENT. Matin.	VENT. Soir.	ÉTAT DU CIEL.
	degrés.	degrés.	pouces. lignes.	pouces. lignes.			
1	3	8½	28. 1¼	28. 0	N.	S.	couv. il est tombé quelq. gout. de pluie.
2	4	9¾	27. 11	27. 10¼	S. ¼ E.	N.	couv. pl. mêl. de grêle en pet. quantité.
3	3½	9½	28. 1	28. 0	N. O.	S.	temps clair.
4	2	12	27. 10¼	27. 9	S.	S.	temps clair.
5	4	13	27. 10	27. 10	S.	S.	nébuleux sur le soir.
6	5	8	27. 8¾	27. 10	S. E.	S.	ciel couvert.
7	4	8	27. 10	27. 10¼	N.	S.	ciel clair, vent variable le matin.
8	4	13	27. 9	27. 10	S.	S.	
9	5	14	27. 8	27. 8	E. ¼N.	S.	ciel couvert.
10	6	14	27. 10	27. 9	N. E.	S.	néb. gr. vent dep. midi jusq. couc. du S.
11	8	14	27. 9	27. 9	S.	S.	ciel couvert.
12	8	16	27. 9	27. 9	S.	S.	ciel nébuleux.
13	9	17½	27. 10	27. 9¼	E. ¼ S.	S.	ciel clair.
14	8	16	28. 0	28. 0	S.	S.	
16	10	17	27. 11	27. 11¼	S.	S.	
17	10	16	28. 0	28. 0	S. E.	S. E.	couv. pluie & tonn. sur le s. & pend. la n.
18	6	11	28. 0	27. 11	N. E.	S.	ciel clair.
19	6	12	28. 0	27. 11½	N. O.	N. O.	gr. v. dep. 9ʰ du mat. jusq. couc. du Sol.
20	6	15	28. 1	27. 11	N. O.	S.	ciel clair.
21	8	17	27. 10	27. 9	S.	S.	
22	9	19	27. 8	27. 7	S.	S.	
23	10	20	27. 7	27. 7	S.	S.	
24	15	20	27. 8	27. 7¾	S.	S.	
25	13	17	27. 8	27. 8	S.	S. E.	petite pluie l'après-midi.
26	14	....	27. 10	......	N. O.	.....	grand vent N. O. depuis 5ʰ du matin, pluie toute la journée.

MAI 1762.

Jours du Mois.	THERMOM.		BAROMÈTRE.		VENT.		ÉTAT DU CIEL.
	Matin.	Soir.	Matin.	Soir.	Matin.	Soir.	
	degrés.	degrés.	pouces. lignes.	pouces. lignes.			
1	10	$19\frac{1}{2}$	27. $8\frac{1}{4}$	27. 8	E.	S.	temps clair.
2	10	$18\frac{1}{2}$	27. 10	27. 11	S. E.	S. E.	ciel nébuleux.
3	10	10	27. 11	28. 0	S. E.	N. E.	couvert, pluie toute l'après-midi.
4	8	10	27. $8\frac{1}{2}$	27. 10	S.	N.	beau le mat. orage & grêle l'après-midi.
5	$15\frac{1}{2}$	15	27. 10	27. $7\frac{1}{2}$	N.	S.	beau temps.
6	19	$15\frac{1}{2}$	27. $7\frac{1}{4}$	27. 7	N. E.	O.	ciel couvert.
7	10	17	27. 8	27. 7	E. $\frac{1}{4}$N.	S. E.	ciel nébuleux.
8	$9\frac{1}{2}$	$19\frac{1}{2}$	27. 8	27. 7	S.	S.	clair le matin, nébuleux l'après-midi.
9	12	21	27. 8	27. 9	S.	N. $\frac{1}{4}$ E.	clair, grand vent l'après-midi.
10	$9\frac{1}{2}$	20	27. 10	27. $8\frac{1}{4}$	S.	S. $\frac{1}{4}$ O.	beau temps.
11	10	22	27. 9	27. $4\frac{1}{4}$	N. O.	S.	grand vent l'après-midi.
12	12	23	27. 4	27. $3\frac{1}{2}$	S.	S.	temps couvert.
13	12	$22\frac{1}{2}$	27. 6	27. $6\frac{1}{4}$	S.	S.	ciel couvert.
14	14	22	27. 7	27. 7	S.	N. O.	ciel couvert.
15	12	17	27. 7	27. 6	N. O.	S.	couvert, pluie le soir.
16	$13\frac{1}{2}$	19	27. $5\frac{1}{4}$	27. 4	S. O.	S. O.	beau le matin, nébuleux l'après-midi.
17	12	14	27. 4	27. 6	S. E.	S.	petite pluie par intervalles.
18	$10\frac{1}{4}$	21	27. 7	27. 6	S. $\frac{1}{4}$ O.	N. O.	beau le matin, nébuleux l'après-midi.
19	$13\frac{1}{2}$	22	27. $5\frac{1}{2}$	27. 4	O. $\frac{1}{4}$ N.	S. $\frac{1}{4}$ O.	beau le matin, pluie sur le soir.
20	$13\frac{1}{4}$	19	27. $4\frac{1}{2}$	27. $4\frac{1}{2}$	N. O.	N. O.	grand vent la nuit & aujourd'hui.
21	$10\frac{1}{2}$	19	27. 6	27. 6	N. O.	N. O.	grand vent la nuit & aujourd'hui.
22	12	21	27. $6\frac{1}{2}$	27. 7	N. O.	N. E.	grand vent la nuit, beau temps le jour.
23	11	$21\frac{1}{2}$	27. $7\frac{3}{4}$	27. 8	N. E.	S. E.	ciel nébuleux.
24	12	$21\frac{1}{2}$	27. 9	27. 9	S. $\frac{1}{4}$ E.	S.	beau temps.
25	13	16	27. 9	27. 7	S. E.	S. E.	pluie toute la journée.
26	12	15	27. $7\frac{1}{4}$	27. 7	S. E.	N. E.	pluie toute la nuit & aujourd. jusq. midi.
27	19	19	27. 9	27. 9	N. E.	S. E.	ciel clair.
28	12	20	27. 7	27. 7	N. E.	S.	
29	14	20	27. 7	27. 6	N. E.	S. E.	pluie l'après-midi.
30	15	20	27. 7	27. 5	S. E.	E. $\frac{1}{4}$ S.	ciel nébuleux.
31	15	$22\frac{1}{2}$	27. 5	27. 5	S. E.	S.	ciel nébuleux.

JUIN 1762.

Jours du Mois.	Thermom. Matin.	Soir.	Baromètre. Matin.		Soir.		Vent. Matin.	Soir.	État du ciel.
	degrés.	degrés.	pouces.	lignes.	pouces.	lignes.			
1	13	19	27.	6	27.	6	S. E.	N. E.	pluie & orage l'après-midi.
2	14	19	27.	6	27.	6¼	S. E.	N. O.	couv. le mat. pluie & tonn. l'après-m.
3	13	22	27.	8	27.	7	N. O.	S.	beau temps.
4	14	23	27.	7¼	27.	5¼	E.	S.	
5	14	27	27.	5	27.	6	S.	E.	vent brûlant l'après-midi.
6	16	25	27.	8	27.	7	N. E.	S.	ciel clair.
7	15	25	27.	7½	27.	7½	S.	S.	ciel nébuleux.
8	17	25	27.	7¼	27.	6	N. E.	S.	couvert, tonnerre à 4h du soir.
9	17	26½	27.	6	27.	4	N. E.	S. E.	ciel clair.
10	18	26½	27.	5	27.	5	S.	S.	clair le matin, nébuleux l'après-midi.
11	17	28	27.	7¼	27.	7½	S. E.	S. E.	couvert sur le soir.
12	18	25	27.	7¼	27.	7	N.	S. E.	clair le matin, couvert le soir.
13	18	25	27.	6¾	27.	7	S.	S.	clair le mat. pluie, grêle & tonn. sur le s.
14	18	24½	27.	7	27.	6	S.	S.	ciel clair.
15	15½	26	27.	6	27.	5	S. E.	S. E.	ciel nébuleux.
16	18	26	27.	5	27.	6	N. E.	S.	ciel clair.
17	19	27½	27.	6	27.	6	S.	E.	ciel nébuleux.
18	19	27½	27.	7	27.	6¼	S.	S. ¼ E.	clair le matin, nébuleux l'après-midi.
19	19	26	27.	7	27.	6¼	S. E.	S. E.	grosse pluie & tonn. presq. tout le jour.
20	18	25	27.	5	27.	4	S. E.	N. E.	pluie tout le jour.
21	15	16	27.	3	27.	3½	N. E.	S.	pluie toute la nuit & aujourd'hui.
22	15	17	27.	4¼	27.	5½	N. E.	S. E.	pluie & tonn. toute la nuit & aujourd.
23	16	21½	27.	5½	27.	5	E. ¼ S.	S.	pluie toute la nuit, nébul. tout le jour.
24	17	22	27.	5½	27.	4¼	N. E.	E. ¼ S.	couvert tout le jour, pluie le soir.
25	17	23	27.	4½	27.	5	N. E.	S. E.	ciel clair.
26	19	23	27.	5	27.	5½	S. E.	S. E.	clair le matin, nébuleux l'après-midi.
27	18	23	27.	6¼	27.	6¼	S. E.	S. E.	pl. & tonn. pend. la n. & une part. de la j.
28	19	25	27.	6½	27.	6½	S. E.	S. E.	ciel couvert.
29	20	25	27.	6½	27.	6	S. E.	S. E.	couv. le m. pluie par interv. le reste du j.
30	20	28	27.	4	27.	4	N.	N.	vent variable, ciel couvert

JUILLET 1762.

Jours du Mois.	THERMOM. Matin.	THERMOM. Soir.	BAROMÈTRE. Matin.		BAROMÈTRE. Soir.		VENT. Matin.	VENT. Soir.	ÉTAT DU CIEL.
	degrés.	degrés.	pouces.	lignes.	pouces.	lignes.			
1	21	26	27.	6	27.	6	N. E.	S.	ciel couvert.
2	21	25	27.	5	27.	5	S. E.	N. E.	ciel couvert.
3	19	24	27.	$6\frac{1}{2}$	27.	$6\frac{1}{2}$	N. E.	S. E.	pluie la nuit & aujourd'hui.
4	19	23	27.	$6\frac{1}{2}$	27.	6	N. E.	N. E.	ciel couvert.
5	$18\frac{1}{2}$	22	27.	$6\frac{1}{2}$	27.	$6\frac{1}{4}$	N. E.	N. O.	ciel couvert.
6	18	20	27.	7	27.	$6\frac{1}{2}$	S. E.	S. E.	couvert & pluie.
7	$16\frac{1}{2}$	25	27.	6	27.	$6\frac{1}{4}$	S. E.	S. E.	ciel couvert.
8	19	26	27.	$6\frac{1}{2}$	27.	6	S. E.	N. E.	ciel couvert.
9	18	19	27.	6	27.	6	N. E.	N. E.	pluie.
10	$15\frac{1}{2}$	26	27.	6	27.	$5\frac{1}{3}$	N. E.	S. E.	ciel clair.
11	$18\frac{1}{2}$	25	27.	6	27.	$6\frac{3}{4}$	S. E.	N. E.	couvert, vent variable le soir.
12	18	25	27.	$6\frac{1}{2}$	27.	$6\frac{1}{4}$	S. E.	S.	clair le mat. nébul. le soir, vent variab.
13	19	25	27.	$6\frac{1}{4}$	27.	$6\frac{1}{2}$	N. E.	E. $\frac{1}{4}$N.	ciel couvert.
14	19	23	27.	$6\frac{1}{2}$	27.	6	N. E.	O. $\frac{1}{4}$S.	pl. la n. couv. le m. gr. pl. toute l'ap. m.
15	18	18	27.	$5\frac{3}{4}$	27.	$5\frac{3}{4}$	N. E.	N. E.	grosse pluie toute la nuit & aujourd'hui.
16	15	20	27.	$5\frac{3}{4}$	27.	$5\frac{3}{4}$	N. E.	N. E.	pluie toute la nuit & aujourd'hui la mat.
17	18	25	27.	6	27.	6	N. E.	S.	ciel couvert.
18	18	25	27.	$6\frac{1}{4}$	27.	6	N. E.	E.	pluie par intervalles pendant la journée.
19	18	23	27.	$5\frac{1}{2}$	27.	$4\frac{3}{4}$	E.	E. $\frac{1}{4}$N.	ciel couvert.
20	18	20	27.	$4\frac{3}{4}$	27.	$5\frac{3}{4}$	E.	N. E.	pluie & orage la nuit & aujourd. soir.
21	17	23	27.	$6\frac{1}{4}$	27.	$6\frac{1}{4}$	S. E.	S.	ciel clair.
22	18	26	27.	7	27.	$6\frac{1}{2}$	S. $\frac{1}{4}$O.	S.	ciel clair.
23	18	26	27.	7	27.	$7\frac{1}{4}$	S.	S.	ciel nébuleux.
24	20	$26\frac{1}{2}$	27.	$7\frac{1}{2}$	27.	7	S. $\frac{1}{4}$E.	S. E.	ciel nébuleux.
25	18	22	27.	6	27.	$5\frac{3}{4}$	N. E.	S. E.	grosse pluie la nuit & aujourd'hui la matinée, & depuis 8 heures du soir & une partie de la nuit.
26	17	22	27.	$5\frac{3}{4}$	27.	5	S. E.	S.	couvert le matin, clair l'après-midi.
27	17	23	27.	$5\frac{1}{2}$	27.	$5\frac{1}{2}$	S.	S.	clair, le soir le ciel s'est couvert.
28	17	23	27.	7	27.	7	N. E.	N. E.	pluie, orage & tonnerre la nuit, couvert tout le jour, grosse pluie sur le soir.
29	$17\frac{1}{2}$	23	27.	$8\frac{1}{2}$	27.	$8\frac{3}{4}$	S. E.	S. E.	plue la nuit & aujourd'hui la matinée, nébuleux le reste du jour.
30	17	19	27.	8	27.	$7\frac{3}{4}$	S. E.	N. E.	pluie presque toute la journée.
31	$16\frac{1}{2}$	22	27.	7	27.	$6\frac{1}{4}$	S. E.	S.	pluie le matin.

AOUST 1762.

Jours du Mois.	Thermom.		Baromètre.		Vent.		État du ciel.
	Matin.	Soir.	Matin.	Soir.	Matin.	Soir.	
	degrés.	degrés.	pouces. lignes.	pouces. lignes.			
1	17	24	27. 6	27. 6¼	S.	S.	clair le matin, couvert le soir.
2	18	24	27. 7	27. 7	N.	S.	ciel clair.
3	18	24	27. 6	27. 6	S. E.	S. E.	grosse pluie depuis midi jusq. lendem.
4	18	26	27. 6	27. 6¼	S. E.	S.	pluie toute la nuit, couv. tout le jour.
5	20	26	27. 7	27. 7	S.	S. E.	nébul. pluie d'orage à 9h du s. & la nuit.
6	17	24	27. 7	27. 7	E.	S. E.	ciel clair.
7	18	25	27. 7	27. 7	S. E.	S. E.	ciel clair.
8	18	25	27. 7¾	27. 7½	S. E.	S. E.	ciel clair.
9	17	25	27. 7	27. 7	S.	S.	ciel nébuleux.
10	20	24	27. 6¼	27. 6	S.	S.	ciel clair.
11	17	23	27. 7	27. 7	N. O.	N. O.	ciel clair.
12	18	24	27. 7½	27. 6¼	N. O.	S.	ciel clair.
13	18	24	27. 6	27. 6	S.	S.	ciel couvert.
14	18	24	27. 6	27. 5	N. O.	S.	ciel clair.
15	17½	23	27. 7	27. 7	S. E.	N.	cl. le m. couv. ens. pl. & tonn. vers 4h s.
16	17	24	27. 6	27. 7	S.	S.	ciel clair.
17	18	25½	27. 7	27. 7½	S.	S.	couvert sur le soir.
18	18	23	27. 7½	27. 6½	S.	N. O.	nébul. le mat. pluie & tonn. l'après-m.
19	17	23	27. 6	27. 5¾	S.	S.	ciel nébuleux.
20	17	22	27. 7	27. 6	N. E.	S.	pluie tout le jour.
21	17	23	27. 6	27. 6	S. E.	N. O.	pluie sur le soir.
22	17	20	27. 6	27. 6	N. O.	E.	pluie toute la nuit & aujourd. la matinée.
23	16¼	24	27. 6¼	27. 7¼	S. ¼ E.	S.	beau temps.
24	17	24	27. 9	27. 9	S. E.	S. ¼ E.	ciel nébuleux.
25	17½	24	27. 9	27. 8¾	E.	S.	ciel nébuleux.
26	17¾	23	27. 9	27. 8	S.	N. O.	ciel couvert.
27	16¼	24	27. 7¾	27. 6½	N. ¼ E.	S.	couv. le mat. pluie d'orage & tonn. le s.
28	14½	22	27. 8½	27. 8½	N. O.	N. O.	beau temps.
29	14	22	27. 8	27. 9	N. E.	S.	beau le matin, nébuleux le soir.
30	14	24	27. 8	27. 8	S. E.	S.	beau temps.
31	14	24	27. 8¼	27. 7¾	S.	S. E	beau temps.

SEPTEMBRE 1762.

Jours du Mois.	THERMOM. Matin.	THERMOM. Soir.	BAROMÈTRE. Matin.	BAROMÈTRE. Soir.	VENT. Matin.	VENT. Soir.	ÉTAT DU CIEL.
	degrés.	degrés.	pouces. lignes.	pouces. lignes.			
1	13	24½	27. 8	27. 7½	S.	S. E.	beau temps.
2	14	24½	27. 7	27. 7	N.	S. E.	beau temps.
3	15	24½	27. 7½	27. 7¼	S. ¼ E.	S.	ciel couvert.
4	18	23	27. 8	27. 8¾	S.	S.	ciel couvert.
5	14	22	27. 10	27. 9	N. E.	E. ¼ S.	ciel couvert.
6	17	24	27. 10½	27. 10¼	S. E.	S.	clair le matin, nébuleux le ſoir.
7	17½	24	27. 9	27. 9	E.	S.	ciel clair.
8	17	24	27. 9	27. 9	E.	S.	ciel clair.
9	17	24	27. 9	27. 8	S.	N. E.	ciel clair, vent variable le ſoir.
10	17	24¾	27. 8	27. 7¾	S.	S.	ciel clair.
11	17¾	23	27. 10	27. 8	S.	S.	couvert, pluie le matin.
12	17	23	27. 8	27. 8	S. E.	S. ¼ E.	ciel clair.
13	16	17	27. 8	27. 7	N. E.	N. E.	pluie conſidérable une partie de la j.
14	12	19	27. 8½	27. 8½	N. O.	N. O.	ciel clair.
15	12	19	27. 9¾	27. 10	N.	S.	ciel clair.
16	12	19	27. 11	27. 11	N. E.	S.	ciel clair.
17	13	18	27. 11	27. 9½	S.	S.	ciel nébuleux.
18	13	17	27. 7	27. 7	S.	S.	petite pluie tout le jour.
19	12½	16	27. 7	27. 8	N. O.	N. O.	pluie toute la nuit.
20	12	15	27. 9	27. 8½	N.	N. ¼ O.	ciel clair.
21	12	16	27. 7	27. 7	N. O.	N.	
22	13	18	27. 8	27. 7½	N. O.	N. O.	
23	11	17	27. 9	27. 8	N.	N.	
24	16	18	27. 7	27. 7	S. O.	S. O.	
25	15	19	27. 7	27. 7	S.	S.	
26	14	19	27. 9	27. 8½	S. O.	S. O.	
27	10	18	27. 11	27. 9	S. O.	N. O.	vers 4^h ap. m. pluie & grêle pend. ¼ d'h.
28	10	15	27. 6¼	27. 8	N. O.	E.	ciel clair.
29	9	18	27. 8¼	27. 8	N. E.	S.	
30	11	18	27. 8¾	27. 8	N. ¼ E.	S.	

OCTOBRE 1762.

Jours du Mois.	Thermom. Matin.	Thermom. Soir.	Baromètre. Matin.	Baromètre. Soir.	Vent. Matin.	Vent. Soir.	État du ciel.
	degrés.	degrés.	pouces. lignes.	pouces. lignes.			
1	12	18½	27. 8½	27. 8½	S.	S.	ciel nébuleux.
2	13½	19	27. 9½	27. 9¾	N. E.	S.	nébuleux le matin, clair l'après-midi.
3	13½	19	27. 10	27. 10	N. E.	S.	ciel couvert.
4	12½	17	27. 10	27. 10¾	N. O.	S.	ciel couvert.
5	13	14	27. 10	27. 11	S.	S.	pluie la nuit, couvert tout le jour.
6	12	16½	27. 11¼	27. 10	N. E.	S.	ciel couvert.
7	12	15	27. 10	27. 10⅓	E. ¼N.	N. ¼ E.	ciel couvert.
8	12	14	27. 9	27. 8¼	S. E.	N. O.	couv. gr. pluie l'après-m. & grand vent.
9	7	14	27. 10	27. 10	N. E.	S.	beau le matin, nébuleux le soir.
10	7	17	27. 9¼	27. 10	N. O.	E.	beau temps.
11	7½	15	27. 10¼	27. 11¼	S. E.	S.	ciel couvert.
12	7½	14	28. 1¼	28. 0¼	N. O.	S.	couvert.
13	5¼	15	28. 0¼	27. 11¾	S. E.	S.	beau temps.
14	5¼	15	28. 0	27. 11¾	N. O.	S.	beau.
15	5¼	13	27. 11	27. 10¾	E. ¼N.	S.	beau temps.
16	7	13	27. 10¾	27. 10½	N. E.	S.	brouillard épais, dissipé vers midi.
17	8	16	27. 10¾	27. 11	N. E.	S.	beau. *Éclipse de Soleil.*
18	9	15½	27. 11	27. 10	N. E.	S.	brouillard le matin.
19	9	16	27. 9	27. 9	N. E.	S.	brouillard le matin.
20	8	15	27. 8	27. 9¼	N. E.	N. E.	brouillard.
21	7	13	27. 11¾	27. 11¼	N. E.	S.	beau temps.
22	7	14	27. 10	27. 8	N. E.	S.	beau.
23	7	14	27. 9½	27. 8	N. E.	S.	beau temps.
24	11	14	27. 8¾	27. 9	S.	S.	ciel couvert.
25	11	12	28. 0¼	28. 1	S. E.	S. E.	ciel couvert.
26	8	11	28. 1	28. 1	S. E.	S. E.	ciel nébuleux.
27	7	11¾	28. 1	28. 0¼	S. E.	S. O.	ciel couvert.
28	8	10	28. 0¾	28. 0¼	S. E.	S.	couvert.
29	8	11	27. 10	27. 8	S. E.	S. E.	couvert.
30	3	7	27. 8¾	27. 8	N. O.	N. E.	vent & pluie la nuit dern. & aujourd'.
31	1	1½	27. 11	28. 0	N. O.	N. O.	vent N. O. très-fort pendant la nuit & aujourd'hui toute la journée.

NOVEMBRE 1762.

Jours du Mois.	THERMOM. Matin.	THERMOM. Soir.	BAROMÈTRE. Matin.	BAROMÈTRE. Soir.	VENT. Matin.	VENT. Soir.	ÉTAT DU CIEL.
	degrés.	degrés.	pouces. lignes.	pouces. lignes.			
1	— 3	2½	28. 0	28. 0	S.	S.	beau temps.
7	3½	4	28. 2	28. 1	N. E.	N. E.	pluie la nuit & aujourd'hui de la neige.
8	2	8	28. 1½	28. 1¼	N. O.	S.	beau temps.
9	1	7¾	28. 1½	28. 1¼	E.¼N.	S.	brouillard épais le matin, beau le ſoir.
10	3	8	28. 1	28. 0¾	E.¼N.	S.	brouill. le mat. beau juſq. 4h, enſ. couv.
11	4	7	28. 1	28. 0	N. E.	S.	couvert tout le jour.
12	4	6	27. 11½	27. 10½	S. E.	S.	brouillard tout le jour.
13	2¾	7	27. 10	27. 10	S.¼E.	N. E.	brouillard tout le jour.
14	1	7	27. 11	27. 10	S. O.	S.¼E.	beau temps.
15	1	3	27. 10	28. 0	N. O.	N. O.	vent violent tout le jour.
16	— 2½	0½	28. 0½	28. 0½	N. O.	N. O.	vent viol. toute la nuit & aujourd'hui.
17	— 3	3	27. 11	27. 9	S.¼O.	S.	le vent a ceſſé la nuit; beau temps.
18	— 0	6	27. 9	27. 7¼	S.	S. O.	nebuleux, un peu de pluie le ſoir.
19	2½	6¼	28. 0	28. 2	N.¼E.	N.	gros vent la nuit, il a ceſſé au lever du S.
20	— 0½	4	28. 3½	28. 9	N.¼E.	S.	beau temps.
21	— 1	4	28. 8¾	28. 1	S.¼E.	N. E.	ciel nébuleux.
22	— 1	5¼	28. 0¾	28. 1	N.¼E.	S.	beau, le ſoir le ciel s'eſt couvert.
23	— 0	5¼	28. 0¼	27. 11¾	N.¼E.	N.¼E.	nébuleux, brouillard épais le ſoir.
24	4	7	28. 0¾	28. 2	N.¼E.	N. O.	nébuleux, gros vent depuis 10h juſ. 4.
25	— 0½	5½	28. 1¼	27. 11¾	S.¼E.	S.	beau temps.
26	1	7	28. 0	28. 1¼	N. E.	S.	beau.
27	— 0	6	28. 1¼	28. 0½	S.¼E.	S.	ciel nébuleux.
28	1	6¼	28. 0¾	28. 1¼	E.	S.¼O.	ciel nébuleux.
29	1¾	4	28. 1¾	28. 0¼	S.¼E.	S.¼E.	ciel couvert.
30	2	5⅓	28. 0	27. 11	O.	S.	ciel couvert.

DÉCEMBRE

DÉCEMBRE 1762.

Jours du Mois.	THERMOM. Matin.	Soir.	BAROMÈTRE. Matin.	Soir.	VENT. Matin.	Soir.	ÉTAT DU CIEL.
	degrés.	degrés.	pouces. lignes.	pouces. lignes.			
1	2	6	28. 0	28. 1	S.	N. O.	brouill. ép. il eſt tombé en pl. tout le j.
2	— 4	1	28. $1\frac{3}{4}$	28. 1	N. O.	N. O.	gr. v. toute la nuit, b. temps tout le jour.
3	— 3	$0\frac{1}{2}$	28. $2\frac{1}{4}$	28. 3	N.	N.	grand vent toute la nuit, il a ceſſé au lever du Soleil, il a repris vers les 10 heures & a ceſſé à midi.
4	— 5	— 0	28. 3	28. $1\frac{3}{4}$	S.	S.	beau juſqu'à midi, couvert le ſoir.
5	— $4\frac{1}{2}$	2	28. $1\frac{1}{4}$	28. 2	N.	S.	beau le matin, nébuleux l'après-midi.
6	— $4\frac{1}{2}$	$0\frac{3}{4}$	28. $2\frac{1}{4}$	. . . . . .	S. E.	. . . . .	nébuleux le matin, clair l'après-midi.
7	— 3	3	27. $11\frac{3}{4}$	28. $0\frac{1}{4}$	N. E.	S.	nébuleux tout le jour.
8	— 0	3	28. 3	28. 2	E. $\frac{1}{4}$ N.	S.	ciel nébuleux.
9	— 4	$1\frac{1}{2}$	28. 2	28. $0\frac{1}{4}$	N.	S.	beau juſqu'à 10^{h}, nébuleux enſuite.
10	— 3	1	27. $11\frac{3}{4}$	27. 11	O.	N. E.	ciel nébuleux.
11	— $2\frac{3}{4}$	4	27. $11\frac{3}{4}$	27. $10\frac{3}{4}$	E. $\frac{1}{4}$ N.	S.	beau temps.
12	— 2	4	27. 10	27. 9	E. $\frac{1}{4}$ N.	S.	beau.
13	— 1	— 0	27. 9	27. 9	S. E.	S. E.	brouillard épais tout le jour.
14	— $1\frac{3}{4}$	2	27. $10\frac{1}{4}$	27. $11\frac{3}{4}$	S. E.	N. E.	ciel couvert.
15	— $0\frac{1}{4}$	2	28. $1\frac{1}{4}$	28. 3	N. E.	N. E.	couvert, temps clair ſur le ſoir.
16	— $4\frac{1}{2}$	1	28. 3	28. 2	N. O.	S. E.	beau temps.
17	— 5	— 0	28. $1\frac{1}{4}$	28. $0\frac{1}{4}$	N. E.	O. $\frac{1}{4}$ S.	beau juſqu'à 3^{h}, couv. enſ. ciel clair à 6^{h}.
18	— $3\frac{1}{4}$	2	28. $0\frac{1}{2}$	28. 1	N. E.	N. E.	ciel couvert.
19	— $1\frac{1}{4}$	$0\frac{1}{2}$	28. 3	28. 3	E.	E.	neige la nuit & aujourd'hui 1 pouce 4 l.
20	— 2	$0\frac{1}{2}$	28. 3	28. 2	S.	S.	neige la nuit 4 l. couv. ciel clair le ſoir.
21	— $5\frac{1}{2}$	— 1	28. 2	28. 1	S. O.	S.	beau le matin, nébuleux l'après-midi.
22	— $6\frac{1}{2}$	— $0\frac{1}{2}$	28. 1	28. 0	S.	S.	beau temps.
23	— 8	— 5	27. $10\frac{1}{4}$	28. 0	S.	N. O.	couvert le matin, clair l'après-midi.
24	— $9\frac{1}{2}$	— $3\frac{1}{2}$	28. $0\frac{1}{2}$	28. 1	N.	S.	beau temps.
25	— 9	— 3	28. 1	28. 1	S.	S.	beau.
26	— $6\frac{1}{2}$	— $3\frac{1}{2}$	28. 0	28. $0\frac{1}{4}$	O.	S.	beau temps.
27	— $5\frac{1}{2}$	— $0\frac{1}{2}$	28. 0	27. $10\frac{1}{2}$	S. $\frac{1}{4}$ O.	S.	couvert le matin, nébul. l'après-midi.
28	— 5	1	27. $10\frac{3}{4}$	28. 0	E. $\frac{1}{4}$ S.	N.	ciel couvert.
29	— 7	— $3\frac{1}{2}$	28. 3	28. $2\frac{1}{4}$	N.	S.	vent fort la nuit, il a ceſſé le m. b. temps.
30	— 9	— $3\frac{3}{4}$	28. 2	28. 1	E.	S. $\frac{1}{4}$ E.	beau temps.
31	— $6\frac{3}{4}$	— 3	28. 0	27. $11\frac{1}{4}$	N. $\frac{1}{4}$ E.	N. O.	neige la nuit & aujourd'hui, en tout 4 l.

FIN.

www.ingramcontent.com/pod-product-compliance
Lightning Source LLC
Chambersburg PA
CBHW070314230526
45470CB00002B/864